U0274693

빙수 刨冰

[韩] 曹永旭　著
李飞飞　翟渊潘　译

一年四季给人带来
凉爽感受的33种刨冰食谱

中原农民出版社
· 郑州 ·

빙수 刨冰

目录

我和刨冰不得不说的故事

制作刨冰的基础食材

PART Ⅰ

新鲜的水果 · 简单易做的刨冰

PART Ⅱ

传统刨冰 · 香甜爽口

PART Ⅲ

作为餐后甜点 · 细细品尝

PART Ⅳ

特别的时间 · 品尝独特的刨冰

PART Ⅴ

有名的刨冰小店

卷首凡例

- 本书食材中出现的糖浆均为P16制作完成的糖浆，制作方法参考P16。
- 其他刨冰食材的制作方法可参考P15~P24的“制作刨冰的基础食材”。
- 本书中出现的1杯的分量约是200mL，1大勺的分量约是15mL，1铲的分量约45mL。

我和刨冰不得不说的故事

*

一直都忘不了小时候妈妈用自家种的红豆做出来的红豆刨冰的味道，甜甜的豆沙与炼乳相融于细腻软滑的沙冰里，随着咔嚓咔嚓的咀嚼声，在嘴里慢慢融化。在那个年龄，提到刨冰，除了红豆刨冰就没有别的了。在我的印象里，“红豆”和“刨冰”就是连在一起的词语。

最近，咖啡厅、点心店里各种各样的刨冰渐渐成了顾客们的最爱，专门制作、售卖刨冰的店家也在渐渐增加。制作刨冰时，在冰块上面做出漂亮的盖头很重要，同时冰沙的质量也是决定销售量的关键。所以，在刨冰店里不使用家用刨冰机，而是使用可以刨出细腻柔软冰沙的专业刨冰机或除雪机。而且，扩充各种各样适宜与刨冰搭配的食材才能做出不同味道的刨冰。

现今，刨冰渐渐成了甜点文化新潮流。顺应潮流，本书介绍了33种健康美味、好看易做的刨冰食谱。值得一提的是，我们在尽可能使用利于健康的天然食材方面做了很多努力。希望喜欢在家自制刨冰的读者们能根据自己的爱好，做出独特的刨冰！

制作工具

＊

下面介绍的是做出美味刨冰所必需的基础工具。

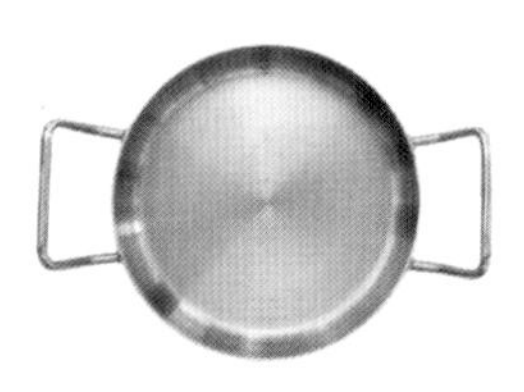

❶**盆具** 做冰淇淋、融化巧克力或盛放各种食材的时候使用的工具。可以根据盛放的食材的多少来选择盆的大小。

❷**家用刨冰机** 把大的冰块磨成做刨冰可使用的冰沙时使用的工具。没有刨冰机时，使用搅拌机也可以做出冰沙。如果没有这些设备，手工磨出的冰沙也可以使用。上图是自动刨冰机。

❸**锅** 煮各类食材时需要的工具，比如煮红豆、做炼乳、制糖浆。买抗酸性强的搪瓷锅和不锈钢锅是较好的选择，铝锅则由于抗酸性较弱而容易被腐蚀。

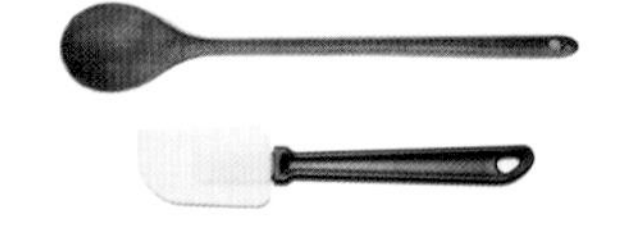

❹**漏勺** 制作炼乳时用来过滤牛奶沫和制作各种刨冰糖浆时使用的工具。使用它可以很容易地把煮水果时产生的泡沫撇出去，如果没有这样的漏勺的话，使用一般的勺子也可以。

❺**勺子类** 把果酱、奶油黏稠状食材干净利落地放入容器中时使用的工具。木勺子的耐热性能好，在盛舀刚刚煮好的食材时更方便。

❻**挖球器** 把冰淇淋挖成圆球，放到刨冰上面时使用的工具。用它舀出来的豆沙也很美观。（在没有该工具时，用量勺来回调整也可以把冰淇淋和豆沙做出来圆润的美观效果）挖球器1勺=45mL。

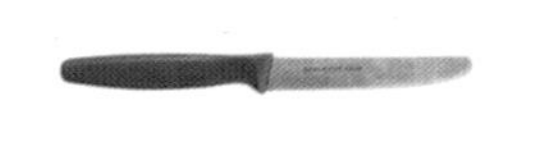

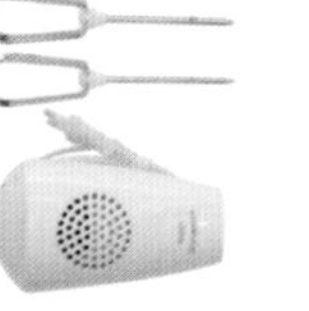

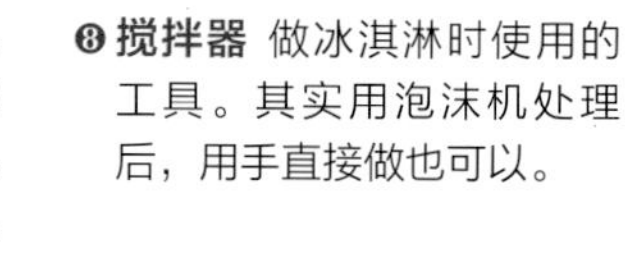

❼**水果刀** 因为要切很多个头小的食材，所以用这种比较小的刀是最合适的。不论是把水果蔬菜切成小块，还是切成薄片，这样的刀使用起来都比较方便。切记要选择拿起来比较方便的刀。

❽**搅拌器** 做冰淇淋时使用的工具。其实用泡沫机处理后，用手直接做也可以。

❾**计量工具** 是计量食材时需要的工具。可选择家里常使用的以1克为测定单位的厨房用秤。与刻度秤相比，电子显示秤用起来更方便。

时令水果·蔬菜购买日历表

✻

为了方便大家了解本书中使用的水果和蔬菜的盛产季节和恰当的购买时间，我整理了下表。若在离家近的超市买不到，也可以在网上购买。赶紧来将需要的食材买回来吧！

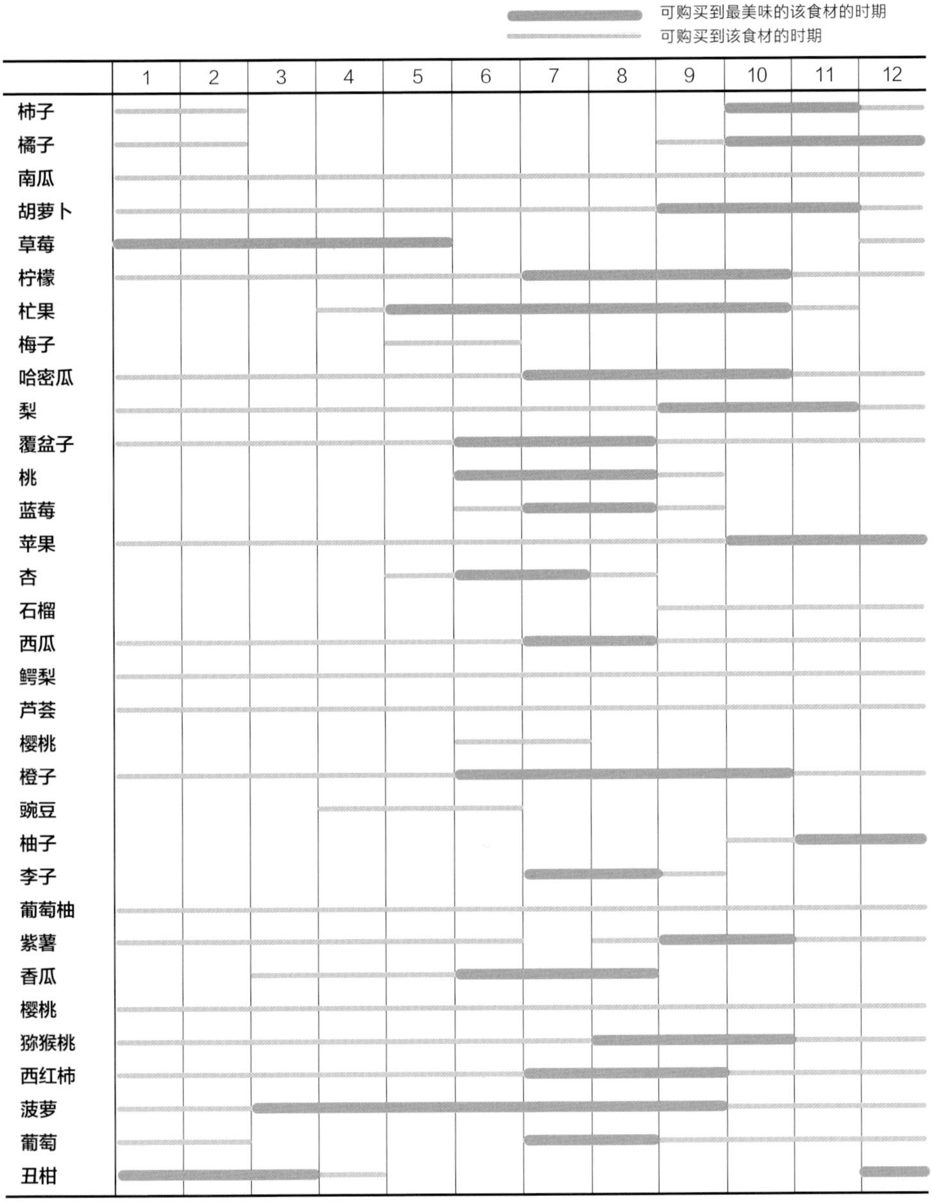

●（粗线）可购买到最美味的该食材的时期
○（细线）可购买到该食材的时期

	1	2	3	4	5	6	7	8	9	10	11	12
柿子	○	○								●	●	○
橘子	○	○							○	●	●	●
南瓜	○	○	○	○	○	○	○	○	○	○	○	○
胡萝卜	○	○	○	○	○	○	○	○	●	●	●	○
草莓	●	●	●	●	●							○
柠檬	○	○	○	○	○	○	●	●	●	●	○	○
杧果				○	●	●	●	●	●	●	○	
梅子					○	○						
哈密瓜	○	○	○	○	○	○	●	●	●	●	○	○
梨	○	○	○	○	○	○	○	○	●	●	●	○
覆盆子	○	○	○	○	○	●	●	●	○	○	○	○
桃						●	●	●	○			
蓝莓						○	●	●	○			
苹果	○	○	○	○	○	○	○	○	○	●	●	●
杏					○	●	●	○				
石榴									○	○	○	○
西瓜	○	○	○	○	○	○	●	●	○	○	○	○
鳄梨	○	○	○	○	○	○	○	○	○	○	○	○
芦荟	○	○	○	○	○	○	○	○	○	○	○	○
樱桃						○	○					
橙子	○	○	○	○	○	●	●	●	●	●	○	○
豌豆				○	○	○						
柚子										○	●	●
李子							●	●	○			
葡萄柚	○	○	○	○	○	○	○	○	○	○	○	○
紫薯	○	○	○	○	○	○		○	●	●	○	○
香瓜			○	○	○	●	●	●	○	○	○	○
樱桃	○	○	○	○	○	○	○	○	○	○	○	○
猕猴桃	○	○	○	○	○	○	○	●	●	●	○	○
西红柿	○	○	○	○	○	○	●	●	●	○	○	○
菠萝	○	○	●	●	●	●	●	●	●	○	○	○
葡萄	○	○					●	●	○	○	○	○
丑柑	●	●	●	○								●

制作刨冰冰沙

*

在家里制作刨冰冰沙的方法有三种。

第一种是使用家用刨冰机，第二种是使用搅拌机，第三种是直接手工刨冰沙。

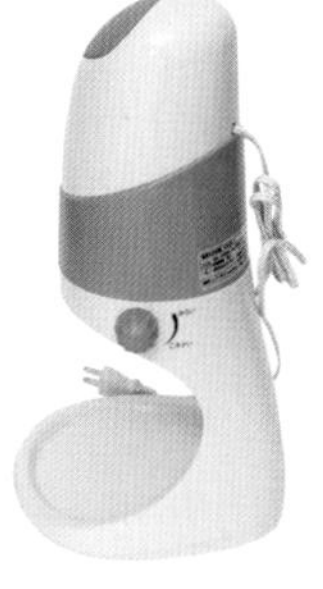

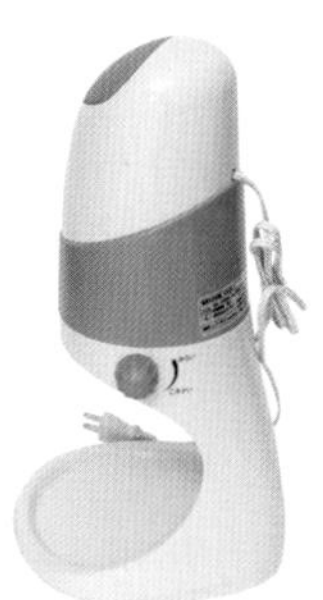

家用刨冰机| 通过刮削冰块来刨冰。家用刨冰机可分为小冰块专用机和大块冰专用机。从效果来看，大冰块专用机刨出的冰质更好，用它来刨冰的话，在家里也能刨出像雪花一样又细又薄的冰沙。也可以使用以前常用的手摇式手动刨冰机。本书中主要使用的是家用大冰块专用自动刨冰机。大冰块专用刨冰机刨出的冰沙质量取决于冰块的品质。把冰块放入刨冰机之前，先在常温下放一会儿，等冰块表面凝聚出一层小水珠，然后再刨成冰沙，这样刨出的冰沙的质量更好。在刨冰时加入脱脂牛奶可以使刨出的冰沙更加细腻。但是，刨了牛奶冰沙后，要更加仔细地清洗刨冰机。

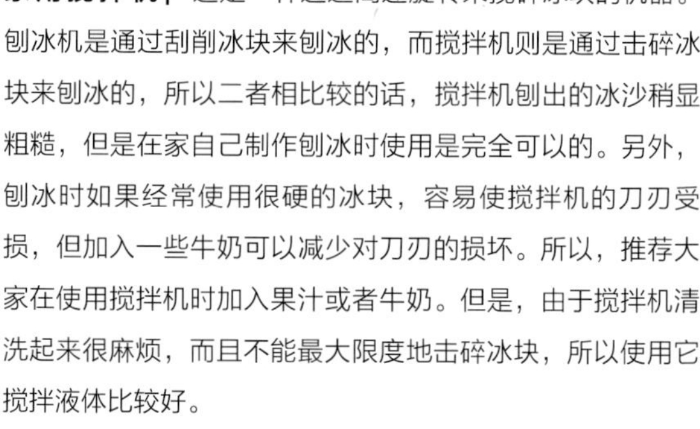

家用搅拌机| 这是一种通过高速旋转来搅碎冰块的机器。刨冰机是通过刮削冰块来刨冰的，而搅拌机则是通过击碎冰块来刨冰的，所以二者相比较的话，搅拌机刨出的冰沙稍显粗糙，但是在家自己制作刨冰时使用是完全可以的。另外，刨冰时如果经常使用很硬的冰块，容易使搅拌机的刀刃受损，但加入一些牛奶可以减少对刀刃的损坏。所以，推荐大家在使用搅拌机时加入果汁或者牛奶。但是，由于搅拌机清洗起来很麻烦，而且不能最大限度地击碎冰块，所以使用它搅拌液体比较好。

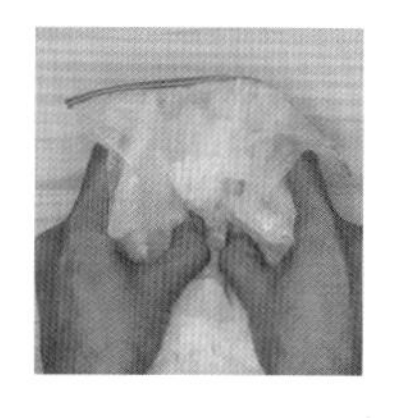

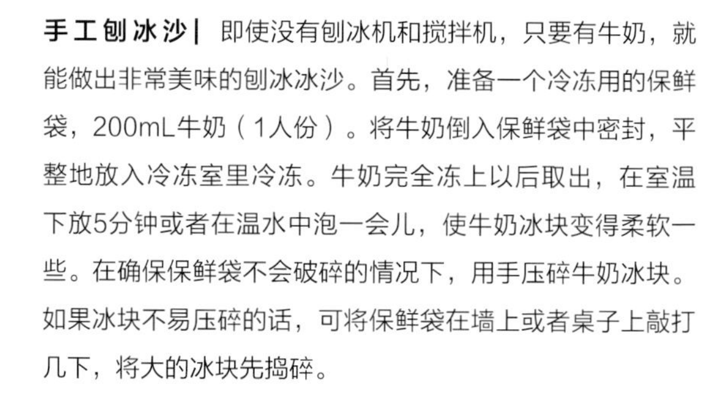

手工刨冰沙| 即使没有刨冰机和搅拌机，只要有牛奶，就能做出非常美味的刨冰冰沙。首先，准备一个冷冻用的保鲜袋，200mL牛奶（1人份）。将牛奶倒入保鲜袋中密封，平整地放入冷冻室里冷冻。牛奶完全冻上以后取出，在室温下放5分钟或者在温水中泡一会儿，使牛奶冰块变得柔软一些。在确保保鲜袋不会破碎的情况下，用手压碎牛奶冰块。如果冰块不易压碎的话，可将保鲜袋在墙上或者桌子上敲打几下，将大的冰块先捣碎。

雪花刨冰的制作秘诀

✻

在此给大家介绍一下刨冰店里软软糯糯的雪花刨冰冰沙的制作秘诀！
雪花刨冰的制作秘诀不在于刨冰机，而是在于特殊的冰块制作方法。

在刨冰店里，小冰块刨冰机和大冰块刨冰机都经常可以看到。一般，竖直狭长形状的刨冰机器就是小冰块刨冰机，而青绿色箱子模样的则是大冰块刨冰机，即“雪花刨冰机”。我们在刨冰店里吃到的软软糯糯的雪花刨冰的冰块不是由100%的水冻成的，而是将含有冰淇淋等相似材料的水在零下30℃下冻成冰，然后通过刨冰机刨出松松软软而又不易融化的雪花冰沙。因此，雪花刨冰的制作秘诀不在于刨冰机，而是在于使用特殊食谱制作出的不一样的刨冰冰块。最近，出现了可以做出非常漂亮的刨冰冰沙的刨冰专用的滚筒式制冰机，但是非常贵。所以，目前为止，干净的水、特殊的添加材料、方便的冰冻环境等仍然是做出美味刨冰的核心因素。

刨冰机器的价格

小冰块刨冰机约500元，而进口的可以制作雪花刨冰的大冰块刨冰机在1,000元以上。不同刨冰机的价格差别很大，所以很多店家考虑到初期投资费用，一般都购买使用小冰块刨冰机。但是，最近很多具有价格竞争力的大冰块刨冰机渐渐地开始占领市场了。所以，敬请期待以后在刨冰店里吃到更多美味的雪花刨冰吧！！

跟着以下步骤来做雪花刨冰吧！

■ 食材　1人份的标准 ■

水 ················ **130mL**
脱脂牛奶 ··········· **100mL**

01 将脱脂牛奶与水混合搅拌后冰冻。
02 将冰块放入刨冰机中，设置冰块的颗粒为最小，缓慢地运行刨冰机。

01

02

完成

雪花刨冰的制作步骤

按照恰当的比例将牛奶与水混合搅拌后冰冻，放入家用大冰块刨冰机中刨出需要的冰沙，冰质绝对不次于刨冰店里卖的雪花冰沙。一般的牛奶冰冻后会浮出一层油脂，所以使用脱脂牛奶效果更好。

制作刨冰的基础食材

*

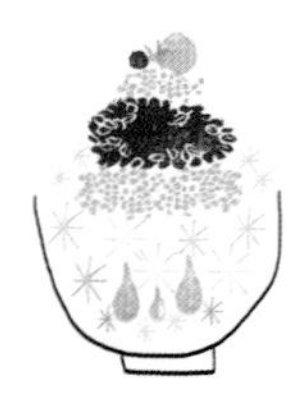

制作刨冰的过程也是分配使用胳膊、腿、大脑等各个身体部位的过程，就像操控机器人模型一样，是有一定的步骤和顺序的。比如制作最常见的红豆刨冰，第一步是煮红豆，制作红豆沙；第二步是制作炼乳；第三步是制作冰沙，然后将前三步制作的食材堆积在一起就完成了。那么，要按照什么顺序堆积起来呢？

因为刨冰是从上面开始吃的，所以堆放的顺序不同的话，味道也是不一样的。将冰沙一次性放到杯底，然后将别的食材放到冰沙上面，或者是一层冰沙一层食材地间隔性堆放，两个方法制作的刨冰哪个更好吃呢？虽然每个人的爱好都不一样，但是提起勺子时，首先看到诱人的食材不是会觉得更有食欲吗？本书就是考虑到了这一点，特意将美味的刨冰食材放在了显眼的位置，然后登场的才是刨冰冰沙，通过这个方法来调节刨冰味道的层次就是本书刨冰食谱的一个重要秘诀！而且，本书介绍了多种撒在刨冰冰沙上的果酱食谱，还会告诉大家在哪个阶段撒糖浆才能使味道好而且又能使冰沙不塌下去。

豆沙

想要煮出来好吃的豆沙，要选择好的红豆，还要控制好砂糖的量和煮红豆的时间。

可以通过砂糖的放入量来调节豆沙的甜度，通过砂糖的放入时机和煮的时间长短来调节豆粒的硬度。若想要熟透的豆沙，需要在煮的过程中不断往沸水中加入冷水，直到豆粒烂熟。若想要半熟的豆沙，需要在豆粒还硬着的时候，加入砂糖，稍等片刻后用勺子将它们混合搅碎。最后，可以根据自身的爱好加入桂皮等香料。

食材　红豆刨冰10人份的标准

红豆（小豆）	400g	水	大量
砂糖	200g	盐	少量

01 将红豆泡在冷水中3~4个小时使豆粒变得饱满，然后猛火煮10分钟左右，煮后的水倒掉。

02 换上干净、充足的水继续煮，煮的过程中若水变少了，可加入少许的水后继续煮，此过程约需要2个小时，直到红豆煮熟为止。

03 红豆煮熟后会变软，然后继续用小火煨着，放入150g的砂糖（留下1/4）和少许的盐。

04 若不想要烂熟的豆沙，将剩下的砂糖也放进去。为了防止豆沙糊在锅底，一直不停慢慢搅拌，直至砂糖完全融化。因为冷藏保管时豆沙会变稠，所以要留下一些红豆汤。

05 在冷藏之前若掺进去一些低聚糖会使豆沙更有光泽。

去除苦味

第一次煮红豆的水要倒掉，是为了除去红豆皮中含有的皂角苷成分和红豆中的苦味。皂角苷不仅仅可以去除身体浮肿、降低血液胆固醇，而且还可以降低血压。因此，经常食用红豆好处多。

放入砂糖的时机

放入砂糖后红豆会变得不易煮烂，所以要通过衡量砂糖放入的时机来调节红豆煮烂的程度。使用后剩余的豆沙可以放入冷冻室里保管。

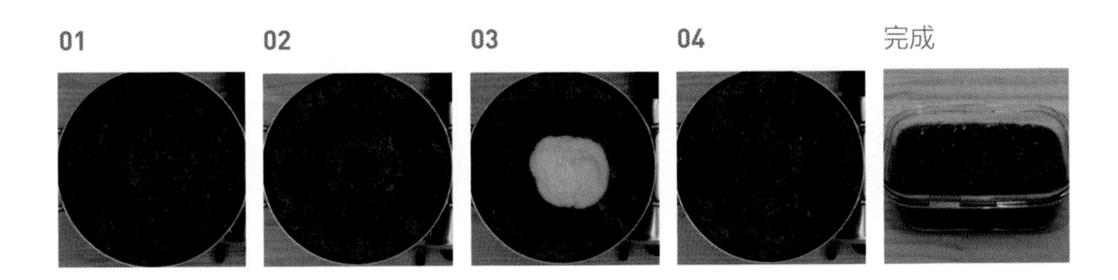

琼脂糖浆

制作浇在刨冰上的多种糖浆时都要用到的基本糖浆。

用粉制作的糖浆

若想做如绿茶糖浆或者艾草茶糖浆等用粉末制作的糖浆，一定要用刚刚制作完成的还热着的琼脂糖浆，这样才能使粉末和糖浆完美融合。如果使用凉的琼脂糖浆，粉末和糖浆融合的效果会不好。

琼脂糖浆是制作各种刨冰糖浆都必需的基本糖浆。比如，将琼脂糖浆和水果一起放入搅拌机搅拌后，不需要再特意调制糖浆，就可以直接做刨冰。而且，因为直接使用了新鲜的水果或者蔬菜，糖浆的颜色会更加鲜艳，也更有益于身体健康。而且，因为琼脂糖浆本身就有些稠，所以浇在冰沙上面的时候，完全不会渗入到冰沙下面，这样能使刨冰的颜色很鲜亮，让人看起来就很有食欲。因此，先做一些琼脂糖浆保存起来吧！

■ 食材　10人份的标准 ■

水 ……………… **1L**
有机砂糖 ………… **600g**
糖稀 ……………… **300g**
石花菜粉 ………… **2小勺（平勺）**

01 将石花菜粉倒入水中泡约10分钟后，开始用大火煮，一直到其全部融化，颜色变为透明为止。

02 放入砂糖，继续煮到砂糖全部融化，颜色变得透明为止。

03 放入糖稀，用中火再煮10分钟左右。

04 熄火，等糖浆凉后放入密封容器中保存。

01

02

03

完成

炼乳

✻

炼乳就是将砂糖放入牛奶中煮一煮，非常简单。

首先要将牛奶放在锅里煮一煮，注意不要溢出来。如果炼乳太稠，放在冰箱里保存后，会变得很硬，往冰沙上撒的时候会不方便。若不能将炼乳均匀地撒在冰沙上，会影响刨冰的味道。因此，煮炼乳的时候，煮到比自己想要的浓度稀一些的时候就关掉火。万一完成后的炼乳放凉以后，下次使用时没有变稠，就再次放入锅中用小火熬一熬。如果炼乳太稠的话，就往锅里放入一些牛奶，再熬一熬。将完成后的炼乳中含有的牛奶沫和沉淀块去除后保存起来。做刨冰时，如果炼乳或者糖浆放多了，可以放入一些牛奶来稀释一下。

食材　7人份的标准

牛奶 · · · · · · · · · · · · · **1L**

砂糖 · · · · · · · · · · · · · **300g**

01 将砂糖放入牛奶中，中火慢煮。

02 如果产生泡沫的话，调为小火慢煮，表面的泡沫可以用勺子铲除去。

03 为了防止牛奶煳后粘在锅底，要不停地搅拌，慢慢煮，一直到需要的浓度为止。

04 熄火，过滤掉泡沫。

不易倒塌的刨冰堆积方式

01 将冰沙满满地堆积在碗里，上面浇上炼乳。

02 将冰沙满满地堆积后，撒上糖浆等液体时，冰沙会慢慢地往下塌。如果想要看起来还是鼓鼓的，就要尽量多地堆放冰沙。

03 用戴着手套的手或者勺子等在堆得鼓鼓的冰沙上轻轻地按压后，再放上别的材料。在别的食材上面再撒一次炼乳的话效果更好。

01

02

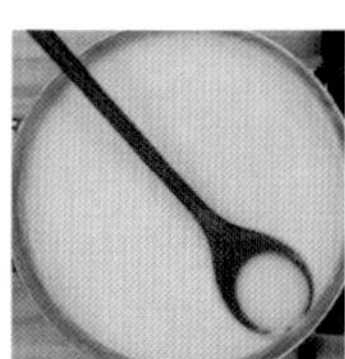

03

04

完成

冰淇淋

✻

刨冰上面加上与刨冰相配的冰淇淋，不仅吃起来味道更好，而且看起来也更加诱人。

勺子的用途

❖

冰冻冰淇淋的时候要每隔1小时用勺子搅拌一次，搅动的次数越多，冰淇淋会越松软。否则，冰淇淋会变得很硬。如果只是一时忘了，没有用勺子搅拌，冰淇淋变得很硬的话，就把冰淇淋放在常温下，待稍稍融化以后，用搅拌机搅动后再吃就可以了。

其实没有机器也可以制作冰淇淋，用下面的方法试着制作香草冰淇淋吧，学会后，其他的冰淇淋也很容易就会做了。

■ 食材　1人份的标准 ■

香草 · · · · · · · · · · · · · 1/2个
蛋黄 · · · · · · · · · · · · · 1个
牛奶 · · · · · · · · · · · · · 100mL
鲜奶油 · · · · · · · · · · · · 100mL
砂糖 · · · · · · · · · · · · · 20g
冰淇淋材料：绿茶粉、艾草粉、奥利奥饼干、奶茶糖浆、西红柿、蓝莓、杧果、草莓等。

01 将牛奶、蛋黄、砂糖、香草（或其他的冰淇淋材料）放入锅中，边用小火熬边搅拌，一直到蛋黄熟后，熬成冰淇淋液体。

▶ 也可用2大勺玉米淀粉代替蛋黄。

02 煮沸后，将锅直接放在冷水里冷却，同时将鲜奶油放入可调式灶具中，加入少量砂糖，用搅拌器不断搅拌，直到稍微变硬的程度。

▶ 直接用手动搅拌器的效果更好。

03 将冷却后的冰淇淋液体和鲜奶油倒在一起，轻轻地搅拌。

04 将混合搅拌后的材料放在扁平的容器里，放入冷藏室约2小时后拿出，用勺子挖动搅拌。这个动作每隔1小时重复1次，至少2次以上。

01

02

03

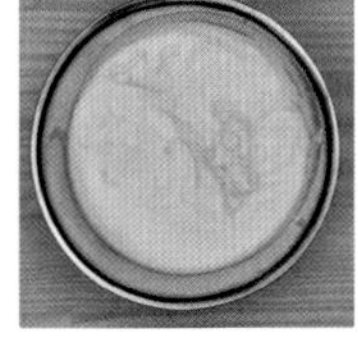

04

完成

冰淇淋的分类与制作

*

种类	主要食材	注意事项	相关刨冰
绿茶冰淇淋	绿茶粉5g	将绿茶粉搅拌至没有硬块的程度，或者用勺子捣碎其沉淀块直到完全融化	绿茶刨冰**P48** 外卖杯装刨冰（绿茶杯装刨冰）**P96**
草莓冰淇淋	草莓酱80g	由于使用了果酱，所以不用砂糖了。将2颗草莓分别切成4瓣放在刨冰上会更好吃	外卖杯装刨冰**P96**
杧果冰淇淋	杧果100g	将杧果放入搅拌机搅拌后，分3次放入刨冰中	杧果菠萝刨冰**P38**
奶茶冰淇淋	奶茶糖浆100ml	由于使用了奶茶糖浆，所以不用牛奶了。奶茶糖浆的制作方法可参考本书P71	奶茶刨冰**P70**
香草冰淇淋	香草1/2个	用刀挖去香草的种子，削去香草的皮	焦糖刨冰**P66** 怀旧水果刨冰**P90**
蓝莓冰淇淋	蓝莓酱80g	由于使用了果酱，所以不用砂糖了。将30g的蓝莓分4次放入刨冰中，或者分2次放入搅拌	蓝莓刨冰**P34**
艾草茶冰淇淋	艾草茶粉6g	将艾草茶粉搅拌至没有硬块的程度，或者用勺子捣碎其沉淀块直到完全融化	艾草茶刨冰**P50**
奥利奥冰淇淋	奥利奥饼干50g	取出其中25g奥利奥饼干夹心中的奶油放入刨冰中，剩下的25g整个放入塑料袋中压碎，分4次放入刨冰中，或者分2次放入并搅拌	奥利奥巧克力派刨冰**P76**
西红柿冰淇淋	西红柿1个	用一大勺芥花籽油代替蛋黄，3勺蜂蜜代替砂糖，所有的材料都放入搅拌机中搅拌后冷冻起来	西红柿刨冰**P88**

糯米糕

喜欢刨冰的话一定不可少了糯米糕！糯米糕可直接使用糯米粉制作，或者先将糯米在搅拌机中磨成糯米粉，再做成糯米糕。

多彩的糯米糕

糯米粉和盐一起搅拌的时候，如果加入南瓜粉或者其他材料，可以做出各种颜色的糕点。如果没有粉末状食材的话，加入真的南瓜或者艾草叶也可以做出同样的效果。试着运用不同的食材做出多彩的糯米糕吧！蘸上松糕粉也特别好吃！

糯米糕的保存

做好的糯米糕一般不要蘸过淀粉后保存，可以保存在兑过糖稀煮沸后又冷却的水里。

糯米粉和面粉不同，若在凉水中搅拌的话，不能和成面团。所以要一边倒入刚刚沸腾过的水中，一边搅拌。注意在用热水和面时不要烫到手。

■ 食材　8人份的标准 ■

糯米粉 ················ 80g
水（热水）············· 1杯
盐 ··················· 少量

01 把糯米粉和盐放入容器中搅拌。

02 倒入一点热水继续搅拌，此时注意不要被热水烫到手，可用勺子等搅拌。

03 手工和面后揉出长长的一条，一段段揪开，用手掌搓出一个个糯米丸。

04 将糯米丸放入沸腾的热水中搅动，直到糯米丸煮熟浮上来了，捞起冷却后保存起来。

02

03

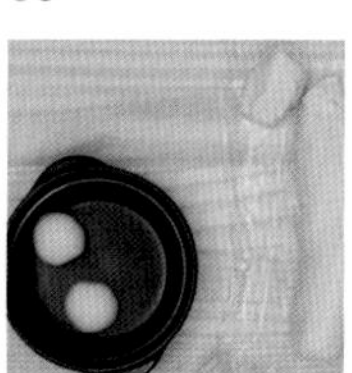

完成

油茶面儿

✻

现在教大家做红豆刨冰经常使用的食材——油茶面儿！

香喷喷的油茶面儿是在做刨冰浇头时经常使用的材料之一。虽然在市场上或者超市里都可以很容易地买到加工好的油茶面儿，但是把需要的材料一个一个买回来自己亲自做不是更有意义吗？把准备好的粮食放入高压锅中蒸一遍，然后再用平底锅炒一遍，按下面的步骤很容易就可以做出油茶面儿了。

坚果油茶面儿

虽然只用粮食做的油茶面儿也很香，但是如果加入炒过的杏仁、花生、核桃、松子等坚果，做出来的油茶面儿不仅香味更加奇特，而且使刨冰更有味儿。加入紫苏、炒过的芝麻、黑芝麻等也有相同的效果。多做一些保存起来，用牛奶或者豆奶冲着喝，完全可以当作早餐来食用。

食材　10人份的标准

米 ················ 2杯
糙米 ··············· 1杯
薏米 ··············· 1杯
大麦 ··············· 1杯
黑豆 ··············· 1杯

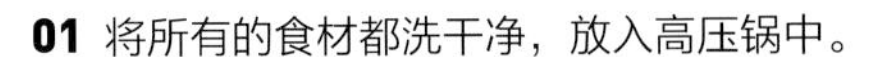

01 将所有的食材都洗干净，放入高压锅中。
02 少放些水，然后开始蒸。
03 食材都蒸熟后摊开在平底锅上，小火慢炒，待水分蒸发后，炒到稍微焦黄似锅巴的程度。
04 将硬硬的锅巴掰成块放入搅拌机中搅碎。
05 将搅碎后的粉状物用筛子筛出，将筛子中剩下的再次倒入搅拌机中，然后再次筛出粉末。

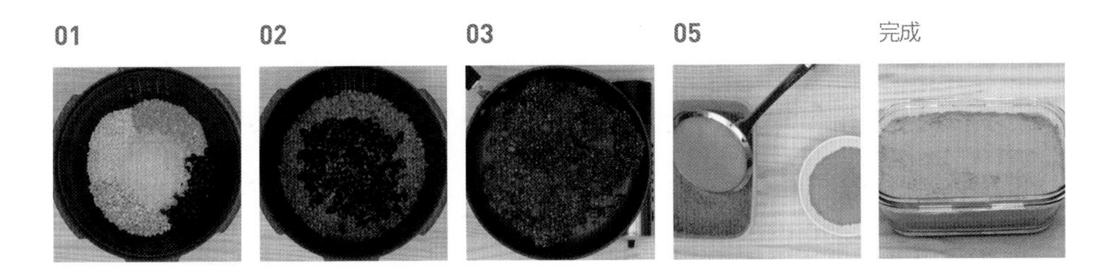

羊羹*

✻

红豆的又一个变身——羊羹也是刨冰的另一种奇特的浇头。

制作特别的羊羹

把煮过的豆沙馅儿倒入碗中之前，若先放入煮过的栗子（或者罐头栗子）、核桃等坚果，可以做出更加香醇美味的羊羹。

可以使用不同的食材做出各种各样的羊羹，比如红豆羊羹、绿豆羊羹、豌豆羊羹、红薯羊羹、南瓜羊羹、红柿羊羹、咖啡羊羹、巧克力羊羹等。如果用明胶代替石花菜粉来制作羊羹，则需要放入比石花菜粉多10倍的量。

■ 食材　4人份的标准 ■

豆沙··············**100g**
砂糖··············**30g**
水···············**100mL**
石花菜粉············**2g**

01 往做好的豆沙中放入50mL的水和30g的砂糖，然后倒入搅拌机中搅拌。

02 将搅拌好的食材倒入锅中，熬成豆沙馅儿。

03 将2g石花菜粉倒入50mL水中并使其溶解，约10分钟后，倒入盛着豆沙馅儿的锅中，一起煮约5分钟。

04 将食材倒入塑料碗中冷却，变硬后即形成了羊羹。

05 将羊羹切成大小恰当的块状，装饰在刨冰上。

01

02

03

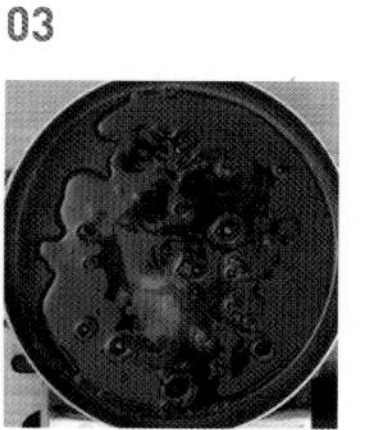

04

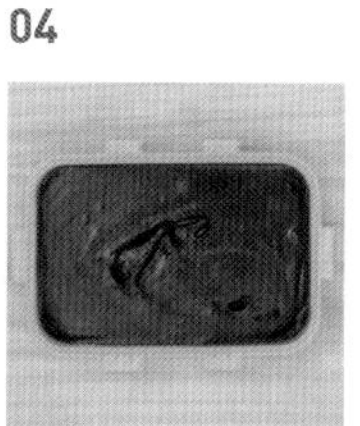

完成

*羊羹，一种以豆类等制成的果冻状食品。译者注。

柿饼卷

✻

柿饼卷作为固有的传统食材，可以和刨冰很融洽地搭配。

柿饼卷的材料不仅可以用核桃、杏仁、松子、花生等炒过的坚果，而且可以用晒干的热带水果，做出清爽甘甜的味道。在韩国，柿饼卷是和水正果（见P46）很搭配的一种传统小吃。

食材　1人份的标准

柿饼 ··············· 1个
核桃 ··············· 1个
糖稀 ··············· 1大勺

01 把柿饼的蒂儿和尖细的头部削去，然后用刀把柿饼展开铺平，把柿饼的心部挖去。

02 用勺子把糖稀涂抹在柿饼的里面。

03 把核桃仁儿切碎，把糖稀均匀地涂抹在这些核桃仁儿上后，放到柿饼里面。

04 把柿饼切成适当的大小，放在刨冰的顶部，作为浇头来装饰。

如何选择美味的柿饼

柄部的皮儿较小而且黏在一起的柿饼相对较好。不要选择熟透的或者太硬的柿饼，而要选择表面有些微白色粉末的柿饼。虽然大家都知道单宁容易引起便秘，但是柿饼的单宁没有活性，不会引起便秘。反而，柿饼有助于缩小肠黏膜和治愈腹泻。但是，柿饼含有丰富的糖分，所以糖尿病患者应慎食。

01

02

03

完成

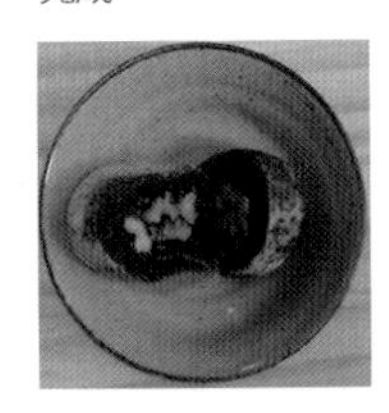

果酱

✻

果酱甘甜可口，适合作为刨冰的浇头，并且做好后有各种用途。

如何通过果胶调节果酱浓度

❖

虽然长时间煮可以使果酱变得黏稠，但是长时间煮会破坏水果原来的颜色和味道，所以放入果胶来调节浓度，减少煮的时间，是一个很不错的方法。根据水果自身的果胶含有量来确定果胶的放入量。即便是富含果胶的水果，如果水果不够成熟或者过度熟了，都会导致果胶的含量过低，所以，一定要选择恰好成熟的水果。

食材的添加比例

❖

根据右边做蓝莓果酱的步骤，把食材换成别的水果，就能做出各种各样的果酱了。选择想要的水果，按照水果与砂糖1:1或者2:1的比例来调节，果胶则按照水果的1%的比例添加就足够了。

如果突然想吃刨冰了，只需要把塑料袋里冰冻的牛奶冰块拿出来压碎，上面浇上果酱，美味的刨冰就做好啦！而且，把果酱浇在冰淇淋上面或者混合到原味酸奶里，也非常好吃。下面来看看蓝莓果酱的制作方法吧。

■ 食材　5人份的标准 ■

蓝莓（冷冻）·········· 300g
砂糖················ 150g
果胶················ 3g

01 把蓝莓（冷冻）和砂糖混合后放入冰箱中，放置3小时以上。

02 把01中的食材取出倒入锅里，大火煮约10分钟，同时除去表面的泡沫，然后在室温下放2个小时。

▶ 若用较厚的锅来煮果酱，有利于防止果酱四溅。

03 把02中的食材用筛子过滤一遍，将筛出的果汁大火煮10分钟左右。

04 将果胶、砂糖和筛子里留下的蓝莓果肉放到一起，小火慢煮，直到它们变得黏稠为止。

▶ 往冷水里滴一滴果酱，如果果酱不融化四散，可以认为果酱目前的黏稠度恰好合适。

05 将做好的果酱放入消毒过的容器里保存。即便如此，冷却后再打开时，味道也会变得不一样。

01

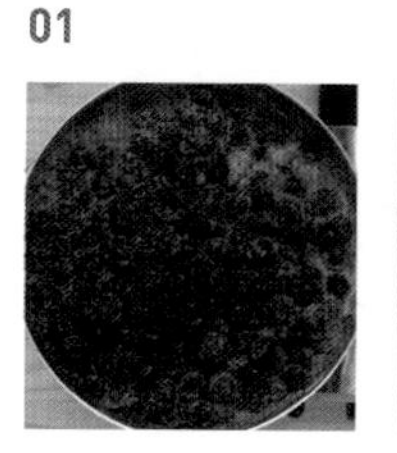

02

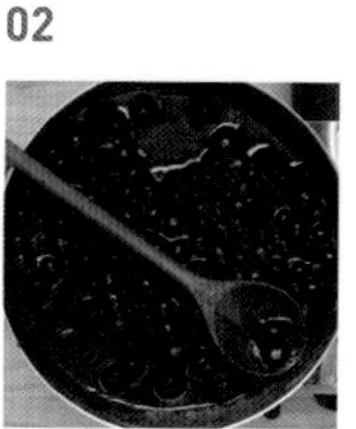

03

04

容器消毒方法

✻

精心制作的糖浆一次用不完，剩下的该怎么办呢？
接下来告诉大家保存方法吧！

由于做刨冰时使用的糖浆里含有较多糖分，所以特别容易生出细菌。如果想要使剩下的糖浆保持新鲜，一定要盛放在消过毒的容器里。本书中介绍的大部分刨冰糖浆都是按照可以用完的分量做的，所以即使放在没有消毒的容器里，在冰箱里保存一两天还是没有问题的。但是，像琼脂糖浆、炼乳等一次性做很多的食材，需要保存约1周的时间，所以一定要保存在消过毒的容器里。

消毒方法

01 往锅里倒入适量的水，将容器翻转过来倒立在锅中，用大火煮至沸腾。

02 如果在水沸腾时关掉火，水会很快地进入容器中。如果水沸腾时，容器不小心倒了，可以用钳子使容器再次倒立站好。

03 10分钟后将瓶子拿出来擦干，立刻将糖浆装进去。如果不是立刻使用，那么在装入食材之前一定要盖紧瓶盖。

01

02

03

TIP

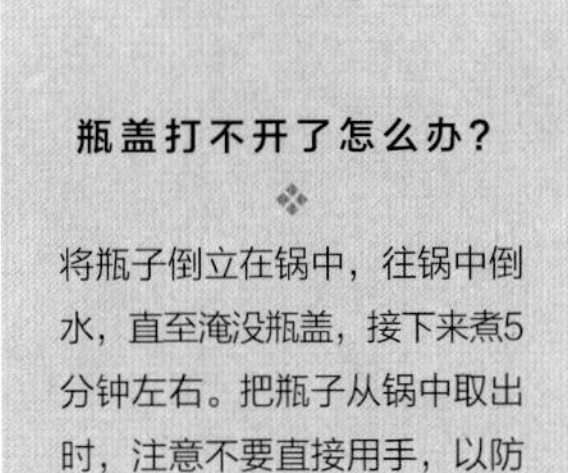

瓶盖打不开了怎么办？

将瓶子倒立在锅中，往锅中倒水，直至淹没瓶盖，接下来煮5分钟左右。把瓶子从锅中取出时，注意不要直接用手，以防烫伤，一定要戴上棉手套。

TIP

盖上瓶盖倒立起来

把热的糖浆放进容器中，盖好瓶盖，然后把容器倒立起来。这样的话，热的糖浆冷却后，瓶内空的空间就会变成真空状态，借此能够延长糖浆的保存时间。

PART I

新鲜的水果·简单易做的刨冰

西瓜刨冰

WATERMELON

在夏天，提到清甜口味的清爽食物，一定不能忘记西瓜。
亲朋好友们围在一起吃会更美味哟！

HOW TO MAKE

■ 食材　4人份的标准 ■

冰沙 ················ 920g
西瓜糖浆 ············· 3杯
西瓜果肉 ············· 400g
炼乳 ················ 1杯
水果鸡尾酒 ············ 1杯
葵花籽巧克力 ·········· 适量

葵花籽巧克力
西瓜糖浆
西瓜瓤儿
炼乳
水果鸡尾酒
西瓜瓤儿

01 拿出半个西瓜，挖空西瓜瓤儿，在剩下部分的底部铺一层冰沙。接下来在冰沙的上面放一层果肉。

02 接下来将水果鸡尾酒倒进去后，再开始铺冰沙，一直到盖过西瓜皮为止。然后在上面均匀地撒上炼乳，在炼乳上面放上一层西瓜瓤儿。

03 再次在西瓜瓤儿上堆上冰沙，在西瓜瓤儿上浇上西瓜糖浆，用糖浆做出美观的浇头。

04 再用葵花籽巧克力装饰一下刨冰，可口美观的西瓜刨冰就完成了。

制作西瓜糖浆

■ 食材　4人份的标准 ■

西瓜瓤儿 ·········· 330g
琼脂糖浆 ······· 270mL

01 将去籽后的西瓜瓤儿和琼脂糖浆一起放入搅拌机中。

02 将放入搅拌机中的食材充分搅拌，直到变成汁状。

01

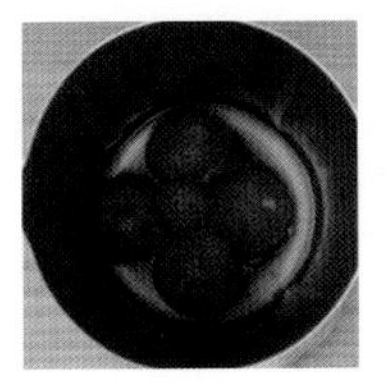

02

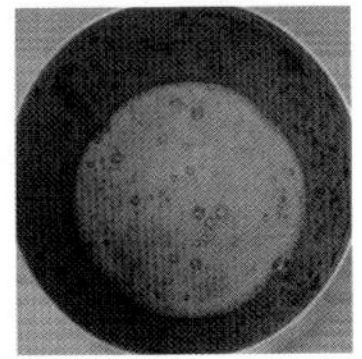

TIP

西瓜小故事

美国作家马克·吐温曾说："西瓜是全世界美味珍品的魁首，尝过西瓜的人就能知道天使们吃的是什么东西了。"西瓜有着悠久的历史，从公元前2000年，甚至比这更早之前，就有了埃及人栽培和食用西瓜的历史。西瓜的主要成分是水，所以西瓜有利尿的作用，身体容易长胖或者正在节食减肥的人可以多食用西瓜。

橘子苹果刨冰

MANDARIN & APPLE

橘子苹果刨冰含有丰富的维生素C，可以预防感冒和美白皮肤。
在夏天食用效果更好，而且简单易做！

HOW TO MAKE

■ 食材　1人份的标准 ■

冰沙 · · · · · · · · · · · · · · · · **230g**
橘子糖浆 · · · · · · · · · · · · · **1杯**
苹果糖浆 · · · · · · · · · · · · · **1杯**
橘子果肉 · · · · · · · · · · · · · **少量**
苹果果肉 · · · · · · · · · · · · · **少量**
炼乳 · · · · · · · · · · · · · · · · **1/2杯**

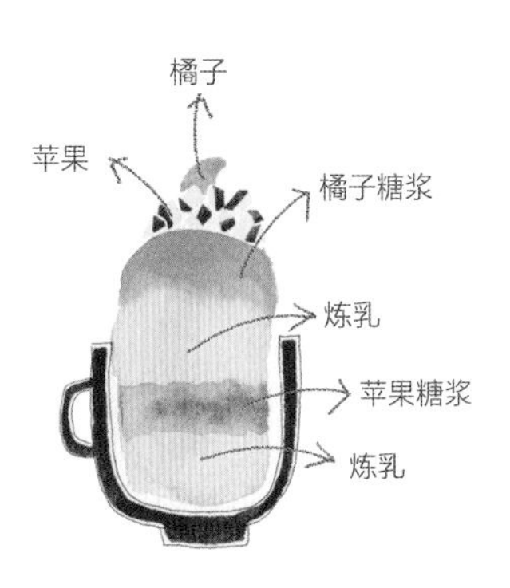

01 往杯中装入约半杯的冰沙，撒上一层炼乳后，再撒上一层苹果糖浆。

02 再次堆上一层冰沙，堆至溢出杯口为止，冰沙上面撒上炼乳和橘子糖浆。

03 接下来放上切成小块的苹果块，最后放上一小瓣橘子做最后的装饰。

制作橘子糖浆

■ 食材　1人份的标准 ■

橘子果肉 · · · · · · · · · · · · · **120g**
琼脂糖浆 · · · · · · · · · · · · · **120mL**

01 将剥皮后的橘子和琼脂糖浆一起放入搅拌机中。

02 将放入搅拌机中的食材充分搅拌，直到变成汁状。

02

制作苹果糖浆

■ 食材　1人份的标准 ■

苹果果肉 · · · · · · · · · · · · · **120g**
琼脂糖浆 · · · · · · · · · · · · · **120mL**

01 将苹果洗干净去核，放入搅拌机中。

02 将琼脂糖浆也放入搅拌机中，将放入搅拌机中的食材充分搅拌，直到变成汁状。

01

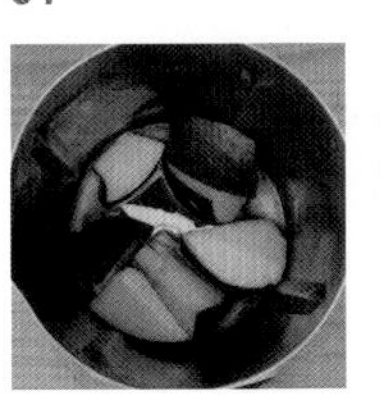

02

桃子刨冰

PEACH

桃子不仅清香可口，而且可以帮助提高人体免疫力。
桃子性温，和刨冰搭配很合适。

HOW TO MAKE

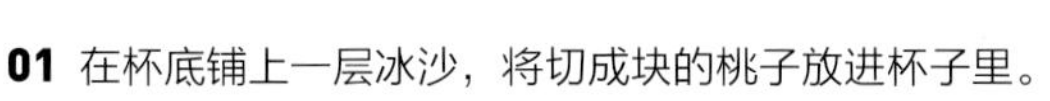

■ **食材　1人份的标准** ■

冰沙 ················ **230g**
桃子糖浆 ············· **1杯**
桃子果肉 ············· **100g**
蜂蜜草莓蜜饯 ·········· **少量**
炼乳 ················ **1/2杯**

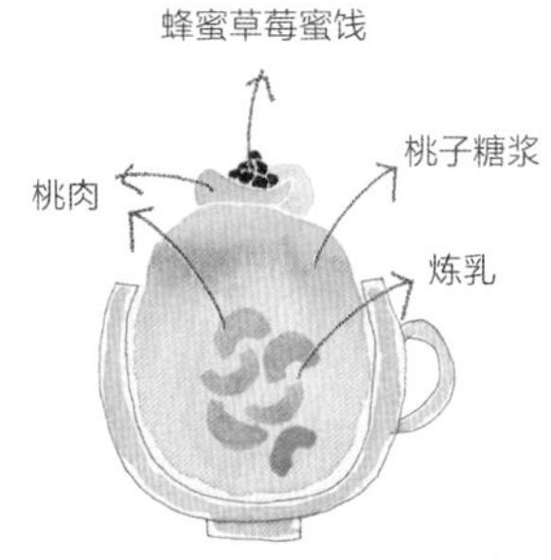

01 在杯底铺上一层冰沙，将切成块的桃子放进杯子里。
02 将炼乳撒进杯子里，再铺上鼓鼓一层的冰沙。
03 在冰沙上撒一层桃子糖浆。
04 再次将切成块的桃子放上去，最后放上蜂蜜草莓蜜饯做装饰。

▶ 蜂蜜草莓蜜饯的制作方法参考P65。

制作桃子糖浆

■ **食材　1人份的标准** ■

桃子果肉（黄桃） ······ **120g**
琼脂糖浆 ············· **120mL**

01 冲洗桃子，将桃毛去除干净后削皮，将桃子切成块状，去除桃核。
02 将切好的桃肉和琼脂糖浆放入搅拌机中，充分搅拌，直到变成汁状。

01

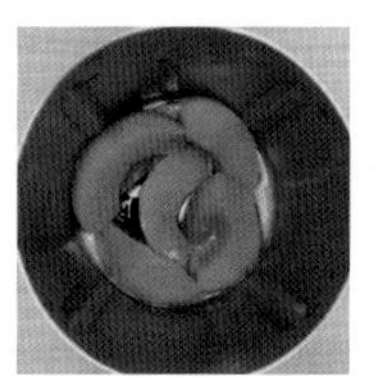

02

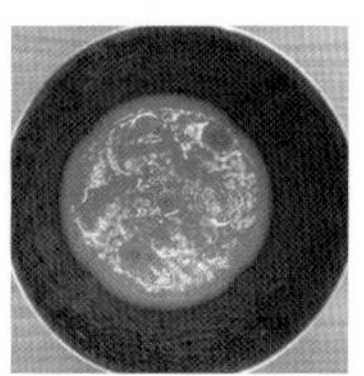

蜜饯

蜜饯是将新鲜的水果或者晒干的水果放入砂糖糖浆中，慢慢浸泡调理而成的，是刨冰主要的装饰食材之一。而且，放入饼干、面包、冰淇淋、原味酸奶、果冻等小吃中马上就能使普通的小吃变得美味起来！

蓝莓刨冰

BLUEBERRY

通过蓝莓刨冰，可以品尝到蓝莓糖浆、蓝莓冰淇淋、蓝莓果酱等各种各样蓝莓的口味。搭配乳白色的杯子，青紫色的蓝莓看起来更加光泽鲜艳了！

HOW TO MAKE

■ 食材　1人份的标准 ■

冰沙 ················ 230g

蓝莓糖浆 ············· 2杯

蓝莓 ················ 100g

草莓 ················ 3~4颗

炼乳 ················ 1/2杯

蓝莓冰淇淋 ··········· 1勺

蓝莓酱 ············· 1大勺

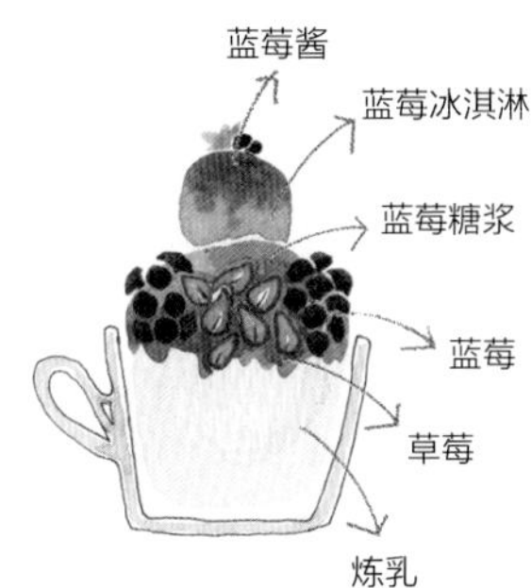

01 将冰沙装进杯中，约满杯的程度，将炼乳撒在冰沙上。

02 再次将冰沙鼓鼓地堆在上面，撒上蓝莓糖浆。

03 将蓝莓和草莓摆成一圈，在中间放上蓝莓冰淇淋球，最后放上蓝莓酱。

▶ 冰淇淋的制作方法参考P18，果酱的制作方法参考P24。

制作蓝莓糖浆

■ 食材　1人份的标准 ■

蓝莓 ················ 130g（冷冻的蓝莓也适用）

琼脂糖浆 ············ 130mL

01 将蓝莓清洗干净，沥干，将有损伤的蓝莓挑除。

02 将蓝莓和琼脂糖浆放入搅拌机中。

03 充分搅拌后，加入1/2杯的牛奶，使糖浆更加细腻。

01

02

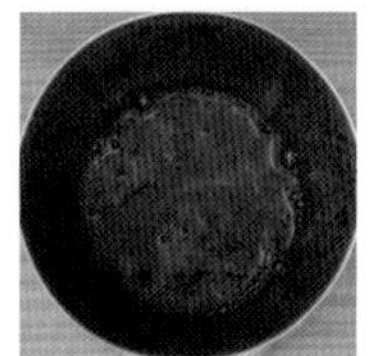

TIP

用蓝莓可以制作的各种小吃

加上蓝莓酱或者蓝莓糖浆，可以使原本很平常的小吃变得非常美味。若不相信的话，可以尝试一下把蓝莓酱抹到面包或者饼干上做夹心饼干，或者把牛奶和蓝莓酱加入大麦粥里，试吃一下吧，真的比原来好吃很多哦！由于蓝莓和奶制品也可以搭配，所以将蓝莓加入原味酸奶或者冰淇淋中也很好吃。将蓝莓酱和冷冻的草莓一起搅拌，然后加到柠檬汁里，会做出幻想中的新奇味道噢！

葡萄刨冰

GRAPE

葡萄刨冰可以使您同时品尝葡萄和葡萄糖浆两种不一样的美味！
葡萄去皮后做出的葡萄糖浆也富含营养！来尝试一下美味的葡萄刨冰吧!

HOW TO MAKE

■ 食材　1人份的标准 ■

冰沙 ·················· 230g
葡萄糖浆 ················ 1杯
炼乳 ·················· 1/2杯
青葡萄 ················· 少量

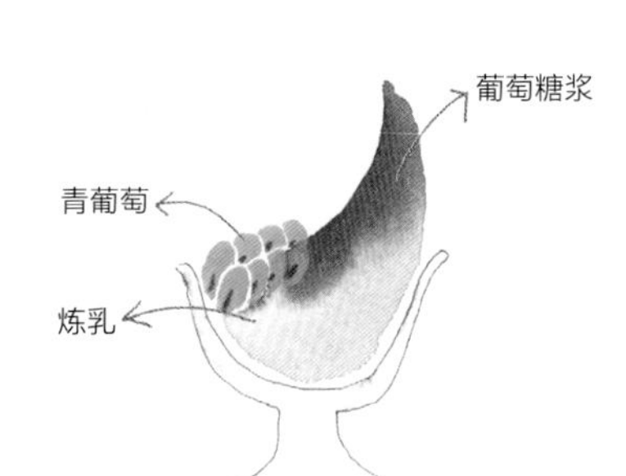

01 将冰沙装进杯中，约满杯的程度，轻轻按压。

02 撒上炼乳，再次将冰沙鼓鼓地堆在上面。

03 在杯子的一侧倾斜着堆上一些冰沙，轻轻按压，然后浇上一些葡萄糖浆，这样堆出的冰沙才不易倒塌。

04 将青葡萄清洗干净，不用削皮，一个个直接切成两半，去核后放在杯子凹陷的那一侧，摆出好看的装饰造型。

制作葡萄糖浆

■ 食材　1人份的标准 ■

紫葡萄 ················· 10粒
葡萄汁 ················· 100mL
琼脂糖浆 ················ 100mL

01 将紫葡萄、葡萄汁和琼脂糖浆放入搅拌机中。紫葡萄带皮洗净后，将皮和葡萄肉儿分离，然后去除葡萄籽。

02 将葡萄皮和葡萄肉儿放入搅拌机中，充分搅拌混合。

01

02

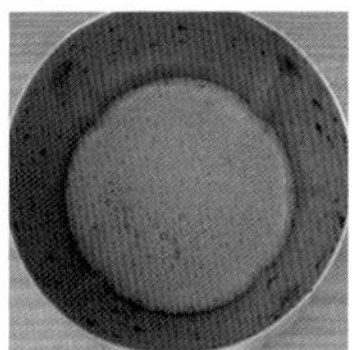

与葡萄相关的常识

平时注意到葡萄表面粘附的粉状白色晶体了吗？它可以保护葡萄表皮，而且主要成分是矿物质，所以可以直接食用。葡萄的向阳部分接受了更多的阳光照射，吃起来会更甜，所以，如果想要做出很甜的葡萄糖浆，需要选择向阳部位的葡萄。不去皮直接做出来的葡萄糖浆富含抗氧化活性的苯酚类物质，所以对于缓解眼部疲劳、强化肾脏功能、预防高血压等都有帮助。

杧果菠萝刨冰

MANGO & PINEAPPLE

香甜的杧果和清脆的菠萝之间的结合！
闷热的夏日里，一边想象着自己正在济州岛避暑，一边品味清凉可口的刨冰吧！

HOW TO MAKE

■ 食材　2人份的标准 ■

冰沙 · · · · · · · · · · · · · · · · 460g
杧果糖浆 · · · · · · · · · · · · · 1杯
菠萝糖浆 · · · · · · · · · · · · · 1杯
炼乳 · · · · · · · · · · · · · · · · 1/2杯
杧果果肉 · · · · · · · · · · · · · 200g
菠萝果肉 · · · · · · · · · · · · · 200g
杧果冰淇淋 · · · · · · · · · · · · 1勺

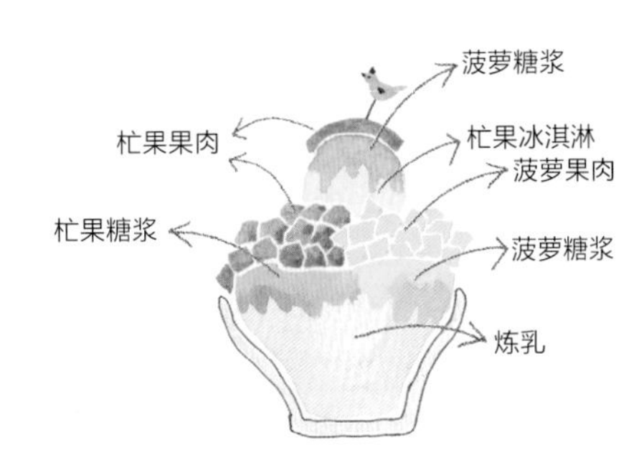

01 往杯中装入约满杯的冰沙，撒上一层炼乳。

02 再次堆上鼓鼓的一层沙冰，堆至溢出杯口为止，两边分别撒上杧果和菠萝糖浆，再分别放上切好的块状果肉。

03 果肉上边分别撒上各自水果制成的糖浆，中间放上杧果冰淇淋。

04 冰淇淋上面盖上一层薄薄的杧果片，最后再撒上一层菠萝糖浆。

▶ 冰淇淋的制作方法参考P18。

制作杧果糖浆

■ 食材　2人份的标准 ■

杧果果肉 · · · · · · · · · · · · · 120g
（冷冻的杧果也适用）
琼脂糖浆 · · · · · · · · · · · · · 130mL

01 将切成块状的杧果和琼脂糖浆一起放入搅拌机中。

02 将放入搅拌机中的食材充分搅拌，直到变成汁状。

01

02

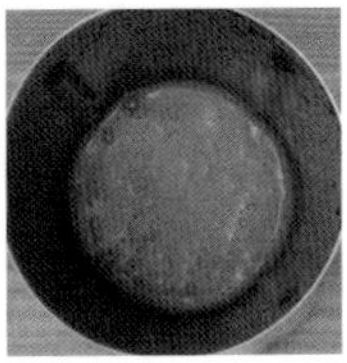

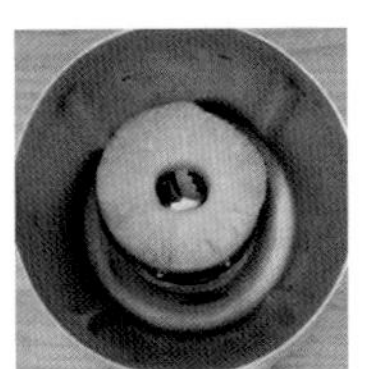

制作菠萝糖浆

■ 食材　2人份的标准 ■

菠萝果肉 · · · · · · · · · · · · · 120g
琼脂糖浆 · · · · · · · · · · · · · 130mL

01 将去皮后切成块状的菠萝和琼脂糖浆一起放入搅拌机中。

02 将放入搅拌机中的食材充分搅拌，直到看不出果肉的原状。

01

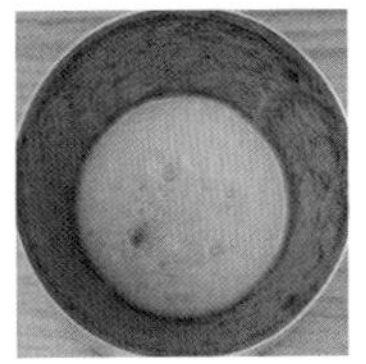

02

甜瓜刨冰

MELON

浓郁的清香和甘洌的清甜使甜瓜获得了“水果之王”的称号。
当你感到炎热或者疲惫的时候，甜瓜刨冰可以使你马上精神抖擞噢！

HOW TO MAKE

■ 食材　1人份的标准 ■

冰沙 · · · · · · · · · · · · · · · · 230g
甜瓜糖浆 · · · · · · · · · · · · · · 1杯
甜瓜果肉 · · · · · · · · · · · · · · 150g
炼乳 · · · · · · · · · · · · · · · · 1/2杯

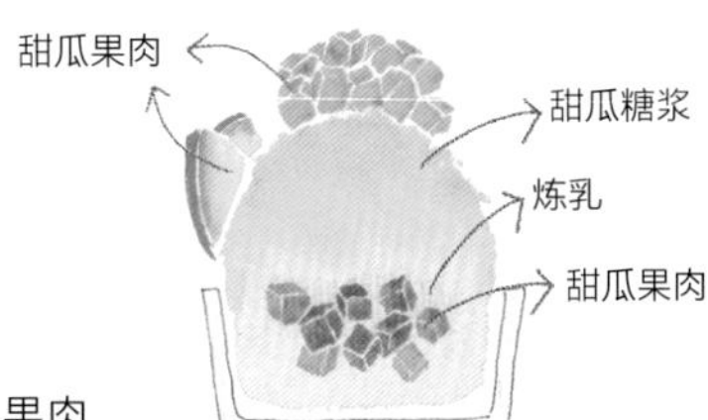

01 往杯中装入约半杯的冰沙，将切成四方块的甜瓜果肉铺上一些。

02 再次堆上鼓鼓的一层沙冰，堆至溢出杯口为止，撒上一层炼乳。

03 再放上一些冰沙后，撒上一层甜瓜糖浆。

04 将甜瓜切成易食用的小块，放在刨冰的顶部。

05 将带皮儿的甜瓜切成扇状，摆放在刨冰上。

TIP

甜瓜糖浆的制作方法

把甜瓜切成两半，把中间的甜瓜籽和甜瓜汁用勺子挖出后，放到筛子上过滤，可过滤出很多果汁。用这些果汁即可以制作美味香甜的甜瓜糖浆。

制作甜瓜糖浆

■ 食材　1人份的标准 ■

甜瓜果肉 · · · · · · · · · · · · · · 120g
琼脂糖浆 · · · · · · · · · · · · · · 120mL

01 将去皮后切成块状的甜瓜果肉和琼脂糖浆一起放入搅拌机中。

02 将放入搅拌机中的食材充分搅拌，直到变成汁状。

01

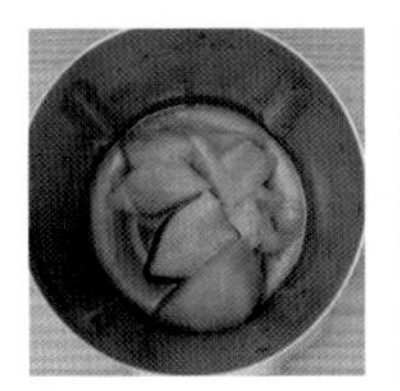

02

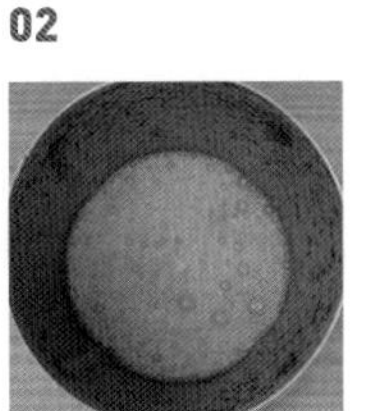

甜瓜怎样吃更美味？

常温下放置3～4天，然后用保鲜膜包裹，放到冰箱中1～2个小时，冰镇后吃的时候会更加香甜。但是，过凉的话会降低甜味，所以要注意不要在冰箱里放置过长的时间。

PART Ⅱ

传统刨冰·香甜爽口

红豆刨冰

RED BEAN

提到刨冰人们就会想到红豆刨冰，接下来就介绍一下这个人人喜爱的传统红豆刨冰。
我们一起来制作这个含有多样食材，可以直接当作餐点的红豆刨冰吧！

HOW TO MAKE

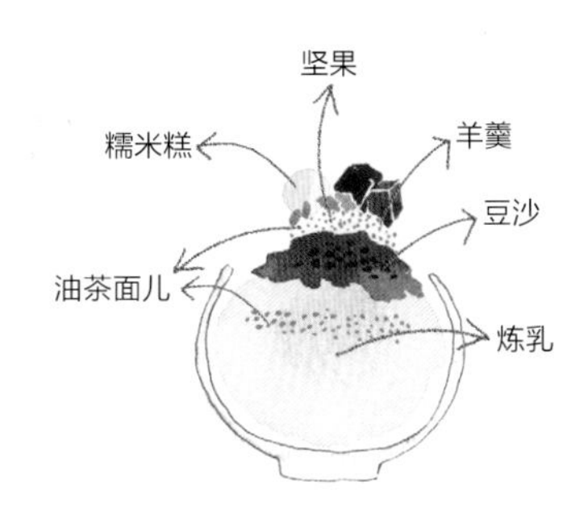

■ 食材　1人份的标准 ■

冰沙 · · · · · · · · · · · · · · · · 230g
豆沙 · · · · · · · · · · · · · · · · 4大勺
炼乳 · · · · · · · · · · · · · · · · 1/2杯
糯米糕 · · · · · · · · · · · · · · 2块（小的即可）
油茶面儿 · · · · · · · · · · · · · 3大勺
羊羹 · · · · · · · · · · · · · · · · 3块
炒过的坚果 · · · · · · · · · · · · 少量

01 往杯中装入约满杯的冰沙，浇上一层炼乳。

02 撒上2大勺油茶面儿，再次堆上鼓鼓的一层冰沙，堆至溢出杯口为止。

03 放上豆沙，接下来再放一勺油茶面儿、3块羊羹、少量坚果和2块糯米糕完成最后的装饰。

▶ 豆沙的制作方法可参P15，糯米糕的制作方法可参考P20，油茶面儿的制作方法可参考P21，羊羹的制作方法可参考P22。

你觉得制作豆沙很烦琐吗?

如果你觉得亲自做豆沙很烦琐的话，可以在市场上买加工好的成品豆沙，成品罐头。但是，市场上的豆沙质量参差不齐，所以，考虑到食品健康的话，还是购买本地产的红豆，亲自制作会更好。质量好的红豆每一个大小都很均匀，而且很硬实，红豆身上的白色线条部分也比较鲜亮。红豆刨冰之所以能够直接当作餐点，是因为它含有丰富的碳水化合物和优质的蛋白质。特别是红豆中包含的皂角苷成分，有治疗咳嗽、利尿、解酒等功效。

简单易学的煮红豆

使用电饭煲的话，短时间内就可以煮好红豆。首先要把红豆泡好，用猛火先煮10分钟。然后放入电饭煲内，倒入和蒸米饭差不多量的水，开始小火煮。最后将煮好的红豆转移到锅里，放入少量的水和砂糖，搅拌后就完成了豆沙的制作。

水正果*刨冰

SUJEONGGWA

就是香甜可口的水正果味道！
刨冰里加入了核桃、柿饼，不仅更加香甜有嚼头儿了，连品尝它的趣味都翻倍了！
而且，加热后的水正果，可以像喝茶一样，慢慢地饮用品尝！

* 水正果，韩国的传统饮品之一。水正果由柿饼、桂皮、姜、黑胡椒、蜂蜜或红糖等原料制成，味道香甜。译者注。

HOW TO MAKE

■ 食材　1人份的标准 ■

冰沙 · · · · · · · · · · · · · · · · 230g

豆沙 · · · · · · · · · · · · · · · · 3大勺

水正果糖浆 · · · · · · · · · · · · 2杯

柿饼卷 · · · · · · · · · · · · · · 1个

松子 · · · · · · · · · · · · · · · · 若干

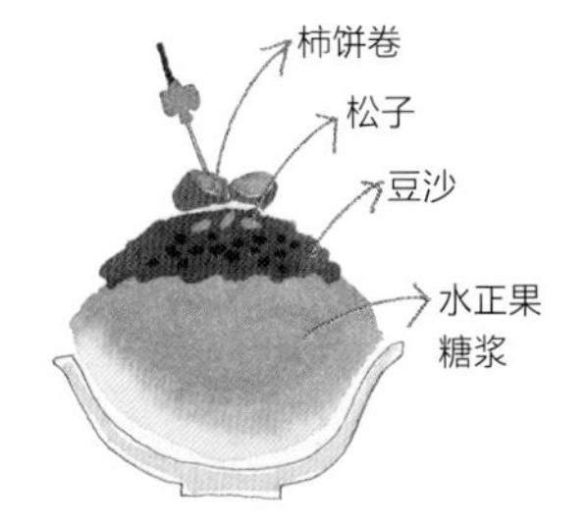

01 往杯中装入约满杯的冰沙，浇上一层水正果糖浆。

02 再次堆上满满的一层冰沙，堆至溢出杯口，上面放上豆沙。

03 豆沙上面放上柿饼卷，最后摆上松子，完成装饰。

▶ 豆沙的制作方法可参考P15，柿饼卷的制作方法可参考P23。

制作水正果糖浆

■ 食材　1人份的标准 ■

水 · · · · · · · · · · · · · · · · · 1L

生姜 · · · · · · · · · · · · · · · · 50g

桂皮 · · · · · · · · · · · · · · · · 50g

黄雪糖（精致的红糖）· · · 200g

01 将生姜去皮切成薄片儿，桂皮掰成小块洗干净。

02 将水、生姜、桂皮、黄雪糖等都放入锅中，用中小火煮约30分钟。

03 将火调小，再煮30分钟以上。

TIP

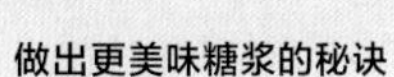

做出更美味糖浆的秘诀

将生姜去皮切成薄片儿后，先用小火慢炖，然后用细筛子过滤出煮后的汤水。将洗干净的桂皮煮一下，再用棉布过滤出汤水。将二者过滤出的汤水兑到一起，加入适量的蜂蜜，再次小火慢煮，这样做出来的糖浆会更美味。

01

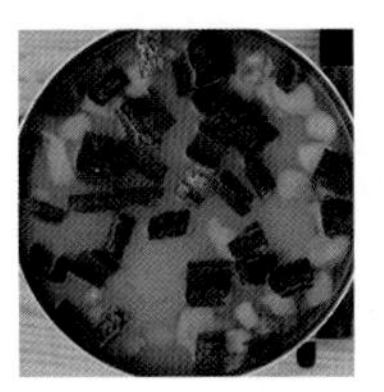

02

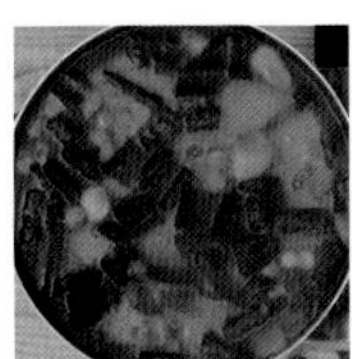

03

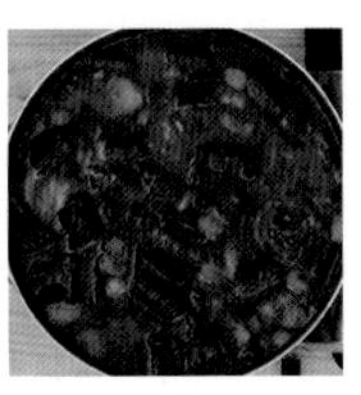

完成

绿茶刨冰

GREEN TEA

飘溢着浓郁绿茶香味的绿茶刨冰登场！
渗入在冰沙中的炼乳，美味的冰淇淋，带来了入口即化的细腻感。

HOW TO MAKE

■ 食材　1人份的标准 ■

冰沙 · · · · · · · · · · · · · · · · 230g
绿茶糖浆 · · · · · · · · · · · · · · 1杯
豆沙 · · · · · · · · · · · · · · · · 1大勺
糯米糕 · · · · · · · · · · · · · · · 1块（小的即可）
绿茶冰淇淋 · · · · · · · · · · · · · 1勺
炼乳 · · · · · · · · · · · · · · · · 1/2杯

绿茶冰淇淋
糯米糕
绿茶糖浆
豆沙
炼乳
绿茶糖浆

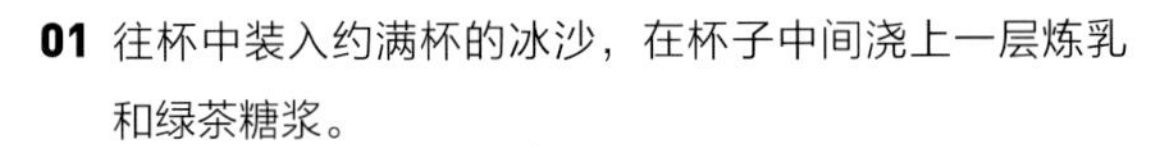

01 往杯中装入约满杯的冰沙，在杯子中间浇上一层炼乳和绿茶糖浆。

02 再次堆上满满的一层冰沙，轻轻按压，上面浇上少许的绿茶糖浆，再慢慢地堆上一些冰沙。

03 小心地在杯子的一侧扒开一点空间，将豆沙堆上，然后放上糯米糕和绿茶冰淇淋。

▶ 豆沙的制作方法可参考P15，糯米糕的制作方法可参考P20，冰淇淋的制作方法可参考P18。

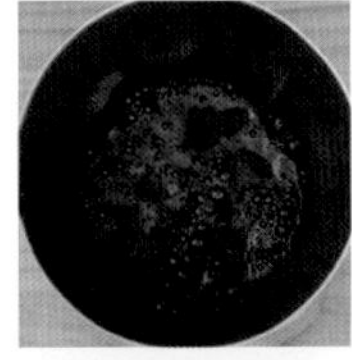

02

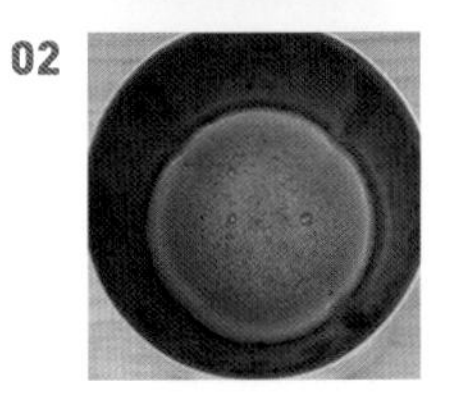

制作绿茶糖浆

■ 食材　1人份的标准 ■

绿茶粉 · · · · · · · · · · · · · · 8g
琼脂糖浆 · · · · · · · · · · · · 100mL(需是热的琼脂糖浆)
水 · · · · · · · · · · · · · · · · 100mL

01 将绿茶粉通过筛子筛后放入水中，并使其充分溶解。若不使用筛子过滤，将凝结成块状的绿茶粉用筷子捣碎，使其完全溶解。

02 若使用冷却后的琼脂糖浆，糖浆和绿茶水则很难均匀地融合。所以将热的琼脂糖浆和绿茶水一起放入搅拌机中，可使二者充分地融合。

艾草茶刨冰

MUGWORT

艾草茶刨冰充溢着记忆中打糕冰淇淋的味道！
即使是不爱甜食的人，也会深陷在艾草香和豆沙的美妙结合中而不能自拔！

HOW TO MAKE

■ 食材　1人份的标准 ■

冰沙 ·················· 230g

艾草茶糖浆 ············· 1杯

豆沙 ·················· 3大勺

糯米糕 ················· 1块（小的即可）

艾草茶冰淇淋 ··········· 1勺

炼乳 ·················· 1/2杯

羊羹 ·················· 2块

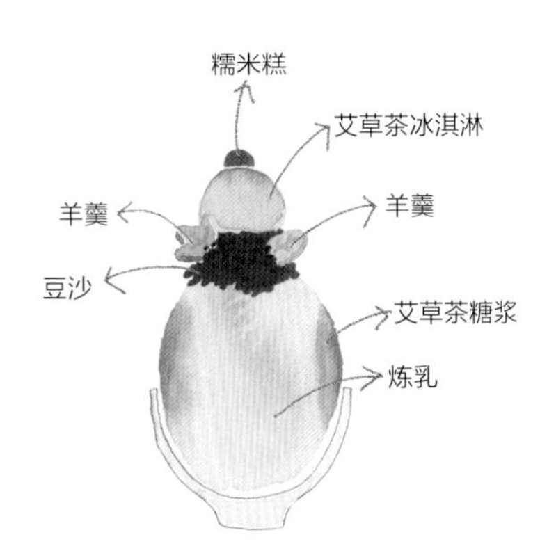

01 往杯子里一边浇炼乳，一边装入满满的冰沙。

02 在杯子的边缘部位浇上少许的艾草茶糖浆。

03 在最上面按顺序依次放上豆沙、艾草茶冰淇淋、糯米糕，最后放上羊羹，完成刨冰的装饰。

▶ 豆沙的制作方法可参考P15，糯米糕的制作方法可参考P20，羊羹的制作方法可参考P22，冰淇淋的制作方法可参考P18。

制作艾草茶糖浆

■ 食材　1人份的标准 ■

艾草茶粉 ··············· 8g（也可用粉末状的艾草茶拿铁）

琼脂糖浆 ··············· 100mL（需是热的琼脂糖浆）

牛奶 ·················· 100mL

01 将艾草茶粉、琼脂糖浆、牛奶一起放入搅拌机中。

02 将放入搅拌机中的材料充分搅拌。若粉末不能完全溶解，凝结成了块状，可倒入筛子中过滤一遍。

01

02

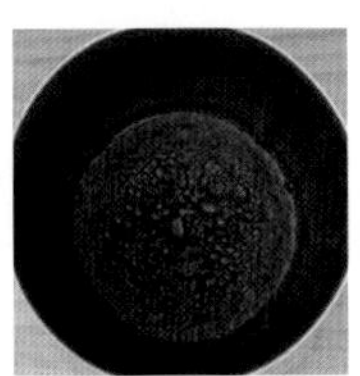

制作羊羹

艾草茶刨冰使用的羊羹是用绿茶粉制作的绿茶羊羹和用覆盆子粉制作的覆盆子羊羹。这里是使用树叶形状的玻璃模型制作的，和P22的羊羹食谱的制作方法是一样的，只不过用普通淀粉代替了红豆淀粉。

柚子柠檬刨冰

CITRON & LEMON

橙黄的圆月形刨冰完成啦！
好好品尝一下这个盛放在意式浓缩咖啡杯里的餐后甜点吧！

HOW TO MAKE

■ 食材　2人份的标准 ■

冰沙 ················ 230g
柚子柠檬糖浆 ·········· 1杯
炼乳 ················ 1/2杯
橙子 ················ 1/2个

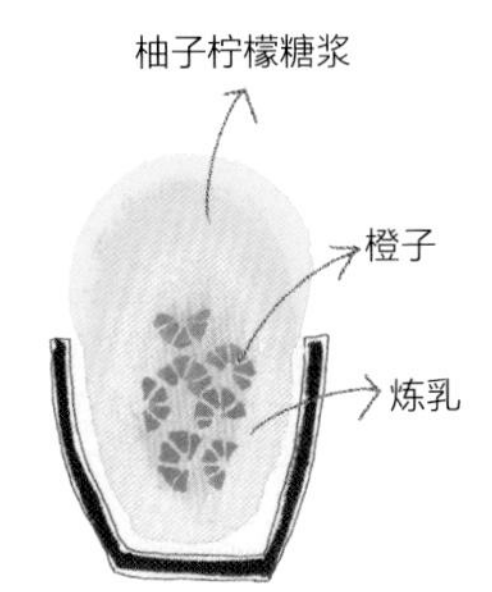

01 往杯子里装入约半杯的冰沙，然后放入切成小块的橙子，再淋上一层炼乳。

02 在上面再放上一层冰沙和柚子柠檬糖浆，然后在上面铺上满满的冰沙，并修整成圆圆的形状。

03 最后在最上面撒上一层柚子柠檬糖浆。

制作柚子柠檬糖浆

■ 食材　1人份的标准 ■

柚子汁 ·············· 7大勺（约100mL）
水 ················· 50mL
柠檬汁 ·············· 1大勺
琼脂糖浆 ············ 100mL

01 将柚子汁、水、柠檬汁、琼脂糖浆一起放入搅拌机中。

02 柚子汁里的黄色果皮儿可适当保留一部分。

01

02

柚子柠檬糖浆的各种用途

茶 | 身体不舒服或者感冒的时候，可以将富含维生素C的柚子柠檬糖浆冲成热茶喝，对治愈感冒非常有帮助。

煎饼 | 用柚子柠檬糖浆代替枫糖浆或者蜂蜜来做煎饼，可以品尝到不一样的香醇可口的煎饼。

覆盆子刨冰

WILD FIELD BERRY

被称为野生山草莓的覆盆子有多种功效，受到了男女老少的喜爱。
它总是能给品尝者带来不一样的感受！

HOW TO MAKE

■ 食材　1人份的标准 ■

冰沙 ················ 230g

覆盆子糖浆 ··········· 1杯

豆沙 ················ 1大勺

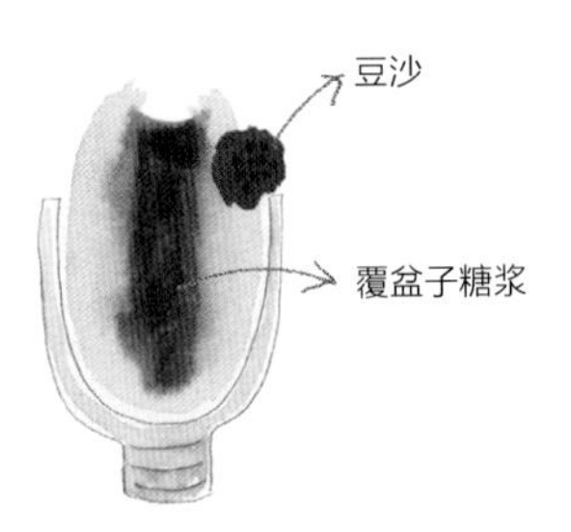

01 往杯子里装入满满的冰沙，然后戴上卫生手套，用手指将冰沙铺平后轻轻按压，形成一个稍微凹下去的形状。

02 在凹下去的地方倒入覆盆子糖浆。

03 在刨冰的一侧小心地扒开一点空间，用勺子堆上准备好的豆沙。

▶ 制作豆沙的方法可参考P15。

覆盆子浓缩液

可使用熬煮过的覆盆子汁代替覆盆子浓缩液，也可以用在市场上买的加工好的浓缩液。

制作覆盆子酱

食材：葡萄酒300mL、覆盆子糖浆300mL、晒干的百里香1小勺、月桂树叶1片、蜂蜜30mL、盐和胡椒粉若干。

01 将葡萄酒倒入锅中煮着，然后将覆盆子、百里香、月桂树叶等放进去煮到充分融合为止。

02 将月桂树叶捞出，剩下的食材都倒入搅拌机中，搅拌后用细筛子过滤一遍。

03 将过滤出的汁水倒入平底锅中，加上蜂蜜后再煮一次。

制作覆盆子糖浆

■ 食材　1人份的标准 ■

覆盆子浓缩液 ·········· 90mL

琼脂糖浆 ············· 30mL

蜂蜜 ················ 1大勺

01 将覆盆子浓缩液、蜂蜜、琼脂糖浆一起放入搅拌机中。

02 将食材充分搅拌融合。

01

02

马格利酒刨冰

MAKGEOLLI

在炎热的夏日，想喝一杯马格利酒的时候，请尝试一下马格利酒刨冰吧！
它除去了马格利酒特有的酸味，但保留了清爽的味道，可以驱暑。

HOW TO MAKE

■ 食材　1人份的标准 ■

冰沙 ················ 230g
马格利糖浆 ············ 1杯
豆沙 ················ 1大勺
炼乳 ················ 1/2杯
糯米糕 ·············· 1块（小的即可）
核桃 ················ 1颗
桑葚 ················ 1颗
梨肉 ················ 1块

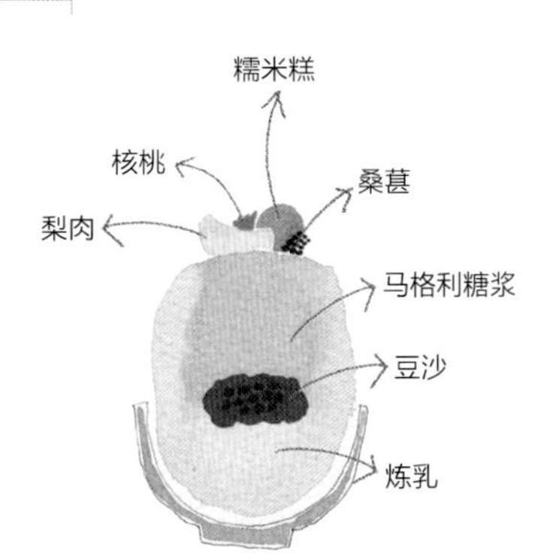

01 往杯中装入约半杯的冰沙，浇上一层炼乳，放上豆沙。

02 再放上一些冰沙，撒上一层马格利糖浆后，再堆上满满的冰沙，溢出杯口为止。

03 接下来，首先放上梨肉和糯米糕，再放上核桃和桑葚，最后撒上一层马格利糖浆作为浇头。

▶ 豆沙的制作方法可参考P15，糯米糕的制作方法可参考P20。

制作马格利糖浆

■ 食材　1人份的标准 ■

马格利酒 ············ 200mL
砂糖 ················ 80g

01 将马格利酒和砂糖放入锅中，用中档火开始煮，将煮的过程中产生的泡沫除去。

02 除去泡沫以后，再用小火慢炖10分钟左右。

01

02

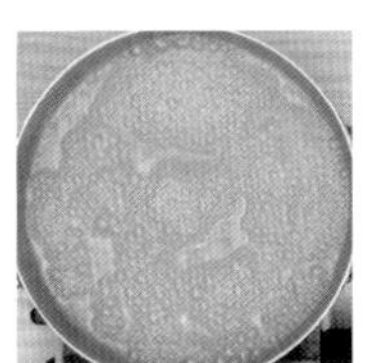

TIP

如何使用罐装马格利酒制作糖浆？

用添加了西柚果汁的罐装马格利酒来代替含有合成甜味剂的一般马格利酒来制作糖浆的话，可以做出含有热带水果特有的酸甜味道的刨冰。用一般的马格利酒做糖浆时，为了除去马格利酒固有的酸味，会加入一些砂糖，然后煮一段时间。如果使用罐装马格利酒的话，把琼脂糖浆和罐装马格利酒直接搅拌就可以了，可以尝到刺激的碳酸饮料的味道噢！

南瓜刨冰

SWEET PUMPKIN

有这样一句俗语：“冬至吃南瓜，中风不进家。”
如果在冬至那天用更加美味的南瓜刨冰代替南瓜粥，会不会有同样的效果呢？
南瓜含有丰富的β-胡萝卜素，可以预防感冒。

HOW TO MAKE

■食材　1人份的标准■

冰沙 · · · · · · · · · · · · · · · · 230g
豆沙 · · · · · · · · · · · · · · · · 1勺
南瓜调味汁 · · · · · · · · · · · 1杯
糯米糕 · · · · · · · · · · · · · · 2块（小的即可）
炼乳 · · · · · · · · · · · · · · · · 1/2杯
坚果 · · · · · · · · · · · · · · · · 适量

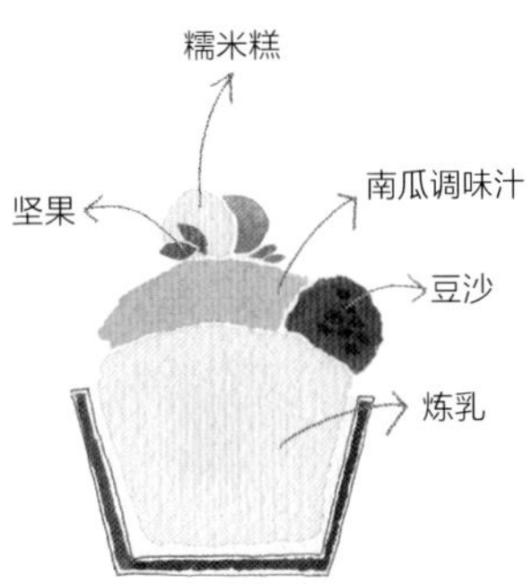

01 往杯中装入满杯的冰沙，浇上一层炼乳，再放上满满的冰沙，堆出一个冰沙顶端。

02 在冰沙的上面均匀地撒上南瓜调味汁，放上准备好的糯米糕，再撒上坚果。

03 接下来，在杯子的边沿儿摆上一圈豆沙，完成刨冰的最后装饰。

▶ 豆沙的制作方法可参考P15，糯米糕的制作方法可参考P20。

制作南瓜调味汁

■食材　1人份的标准■

南瓜 · · · · · · · · · · · · · · · 1个（小的即可）
蜂蜜 · · · · · · · · · · · · · · · 5大勺

01 将南瓜切开，挖出里面的瓤儿和籽儿，放入蒸锅里。

02 先用大火蒸，等到水沸腾的时候，换成中档火，再蒸至少20分钟。

03 将蒸好的南瓜去掉皮儿，黄色的南瓜瓤掰成块状放入搅拌机中。

04 往搅拌机中倒入准备好的蜂蜜，将二者充分搅拌。

01

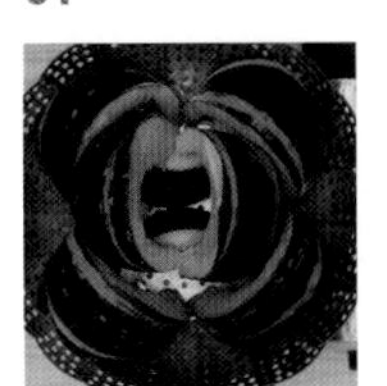

03

04

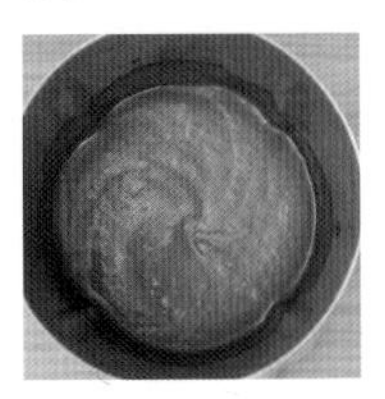

挖出来的南瓜瓤儿该怎么处理呢？

因为挖出来的南瓜瓤儿和南瓜籽儿含有丰富的营养，所以可以放入大酱汤里食用。南瓜籽儿对血液循环有帮助，炒后剥掉皮的南瓜籽儿还是一种很健康美味的零食，所以一定不要扔掉，要好好利用啊！

TIP

怎么才能做出香甜的调味汁呢？

南瓜一般要经过15～20天的成长期，才能把含有的淀粉转化为糖分。因此，如果想要做出香甜美味的调味汁，制作的过程中不需要加入过多的砂糖，只需要用成熟且含糖度高的南瓜就可以。

红柿刨冰

SOFT PERSIMMON

往冰沙上浇上红柿调味汁，就可以简单地做成香甜清脆的夏日早点——红柿冰沙啦!

HOW TO MAKE

■ 食材　1人份的标准 ■

冰沙 ················ 230g
红柿调味汁 ············ 1杯
冰沙红柿 ·············· 1个
炼乳 ················ 1/2杯
水果鸡尾酒 ············ 3大勺
坚果 ················ 适量

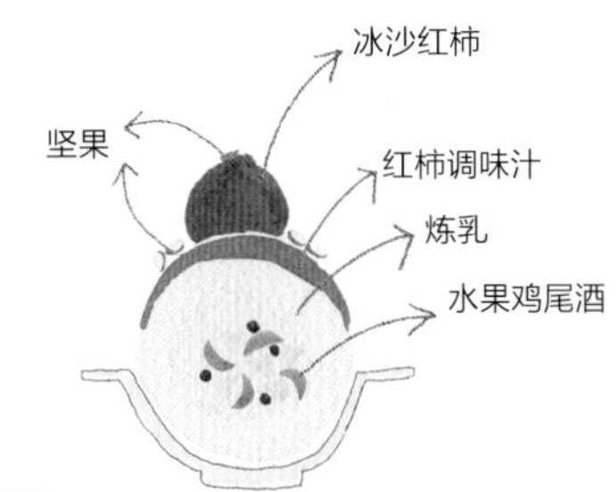

01 往杯中装入约半杯的冰沙，分别浇上一层水果鸡尾酒和炼乳。

02 再放上满满的冰沙，堆出一个冰沙顶端，在冰沙的上面撒上红柿调味汁。

03 接下来，摆上去皮后的冰沙红柿，再撒上坚果，完成刨冰的最后装饰。

如何预防红柿调味汁变色呢？

提前制作好的红柿调味汁在保存时总是容易变黑，所以做好后要尽可能快地用完。而且，生红柿切成块后要撒上食醋或者柠檬汁，可以防止红柿变色。

制作红柿调味汁

■ 食材　1人份的标准 ■

冰沙红柿 ·············· 2个
蜂蜜 ················ 4大勺

01 将冰沙红柿去皮，切去带涩味的芯儿和红柿籽儿。

02 把冰沙红柿稍微搅拌，倒入蜂蜜，用勺子捣碎后，放入搅拌机中充分搅拌。

红柿和酸奶的健康组合

红柿中富含的维生素C可以促进胶原蛋白的形成，酸奶中的蛋白质可以促进皮肤的再生，所以红柿和酸奶一起食用对皮肤美容很有帮助。如果把红柿刨冰食谱中的冰沙改为酸奶，那么又一个全新的美味诞生啦！

01

02

PART Ⅲ

作为餐后甜点·细细品尝

香草刨冰

VANILLA

这是刨冰呀还是冰淇淋呀?
一旦陷入香草蛋奶糕的香甜里，就根本停不下来!

HOW TO MAKE

■ 食材　1人份的标准 ■

冰沙 · · · · · · · · · · · · · · · · 230g
香草蛋奶糕 · · · · · · · · · · · · 1杯
草莓糖浆 · · · · · · · · · · · · · · 1/2杯
炼乳 · · · · · · · · · · · · · · · · 1/2杯
蜂蜜草莓蜜饯 · · · · · · · · · · · 1大勺

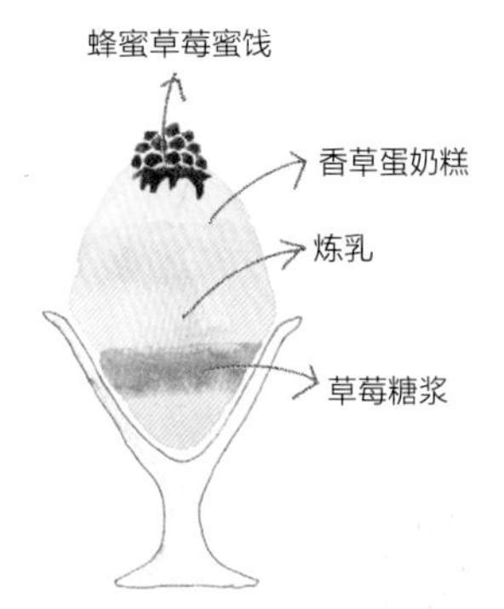

01 往杯中装入约半杯的冰沙，浇上一层草莓糖浆。
02 再放上满满的冰沙，在冰沙上面撒上炼乳。
03 然后放上少量的香草蛋奶糕，再堆上一层高高的冰沙。
04 最后撒上香草蛋奶糕作为刨冰浇头，再放上蜂蜜草莓蜜饯装饰刨冰。

制作香草蛋奶糕

■ 食材　1人份的标准 ■

鸡蛋黄 · · · · · · · · · · · · · · 1个
牛奶 · · · · · · · · · · · · · · · · 1杯
香草 · · · · · · · · · · · · · · · · 1/2个
砂糖 · · · · · · · · · · · · · · · · 80g

01 将香草切一半出来，除去籽儿。
02 把所有的食材都放入锅中，将蛋黄充分搅拌，小火慢熬。
03 当食材熬到稠糊状时熄火，用筛子过滤一遍。

02

03

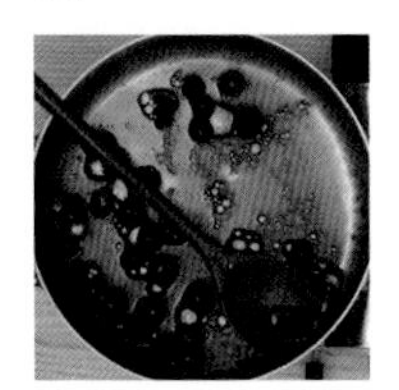

制作蜂蜜草莓蜜饯

■ 食材　1人份的标准 ■

草莓蜜饯 · · · · · · · · · · · · 适量
蜂蜜 · · · · · · · · · · · · · · · 5大勺

01 将草莓蜜饯洗干净，并沥干，挑除有损伤的。
02 把草莓蜜饯和蜂蜜都放入锅中，充分搅拌，中火慢熬。
03 稍微煮一会儿后改为小火，再继续煮5分钟左右。

02

完成

焦糖刨冰

CARAMEL

品味焦糖刨冰就是细细感受清爽香醇的冰沙在嘴里慢慢融化的过程！
在午后，点一杯香醇的意式浓缩咖啡，再配上甜爽的焦糖刨冰，真是美好的时刻啊！

HOW TO MAKE

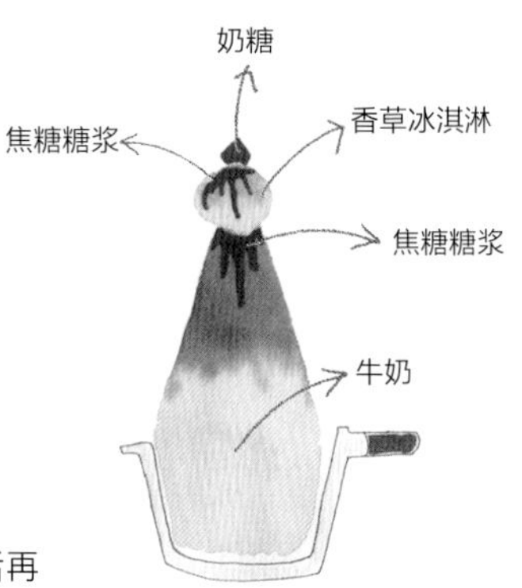

■ 食材　2人份的标准 ■

冰沙 · · · · · · · · · · · · · · · · · 460g
焦糖糖浆 · · · · · · · · · · · · · · 2杯
牛奶 · · · · · · · · · · · · · · · · · 1杯
香草冰淇淋 · · · · · · · · · · · · 1勺
奶糖 · · · · · · · · · · · · · · · · · 1块

01 往杯中装入满杯的冰沙，然后浇上一层牛奶。

02 稍微撒上一些焦糖糖浆，再放上满满的冰沙。

03 在冰沙顶端稍微凸出的地方放上香草冰淇淋，然后再撒上一层焦糖糖浆，最后放上奶糖做装饰。

▶ 制作冰淇淋的方法可参考P18。

制作焦糖糖浆

■ 食材　1人份的标准 ■

水 · · · · · · · · · · · · · · · · · 1/2杯
砂糖 · · · · · · · · · · · · · · · 200g
鲜奶油 · · · · · · · · · · · · · · 80mL
牛奶 · · · · · · · · · · · · · · · 170mL

01 将砂糖放入锅中，倒入水，用中火慢煮。

02 待砂糖融化至透明状态时，改为小火慢熬。

03 待透明的砂糖变为褐色时熄火，倒入一些提前搅拌好的牛奶和鲜奶油，继续搅拌，注意不要一次性全部倒进去，防止煮沸时溢出。

制作糖浆时的注意事项

由于砂糖水有时可能会被锅的余热熬干，所以加热结束后，一定要尽快把锅端走，移到别的地方。特别是使用电磁炉时，锅的余热会维持很长时间，更加需要注意！

01

02

03

完成

布朗尼巧克力刨冰

BROWNIES & CHOCOLATE

布朗尼上撒着美味的榛子巧克力糖浆，冰沙里渗透着香醇的冰沙巧克力糖浆。如果你是号称巧克力狂人的巧克力爱好者，布朗尼巧克力刨冰绝对是你不可错过的！

HOW TO MAKE

■ 食材　2人份的标准 ■

冰沙 ················ 230g
榛子巧克力糖浆 ········ 1/2杯
巧克力饮料 ············ 1杯
布朗尼 ·············· 适量
生巧克力 ············· 适量
坚果 ················ 适量
树莓 ················ 若干

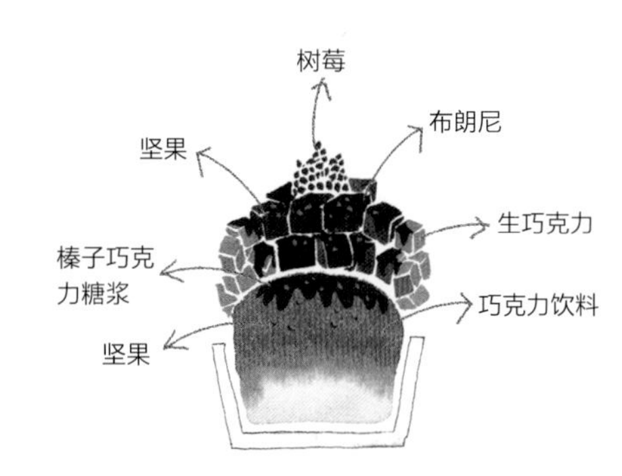

01 一边往杯中装入冰沙，一边在中间撒一些坚果。

02 在冰沙上撒一些巧克力饮料，然后放上布朗尼和生巧克力，再撒上榛子巧克力糖浆。

03 最后把坚果和树莓摆上，完成刨冰的最后装饰。

01

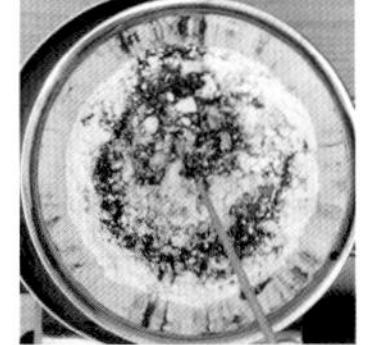

02

03

制作榛子巧克力糖浆

■ 食材　1人份的标准 ■

炒熟的榛子 ·········· 120g(也可使用杏仁儿)
黑巧克力 ··········· 170g
芥花籽油 ············ 2大勺
牛奶 ················ 100mL
可可粉 ·············· 5g
糖粉 ················ 50g

01 将黑巧克力、牛奶、糖粉放入锅中，用小火慢煮。

02 将榛子和01中的食材倒入搅拌机中充分搅拌。

03 再将芥花籽油和可可粉倒入02食材中搅拌，搅拌不够充分的话，可倒入搅拌机中再次搅拌。

奶茶刨冰

MILK TEA

松松软软的冰沙上飘溢着红茶的香气和风味，这就是奶茶刨冰带给大家的感受。
它需要将奶茶糖浆和奶茶冰淇淋层层叠叠堆积起来，这可没有那么容易，一起接受挑战吧！

HOW TO MAKE

■ 食材　1人份的标准 ■

冰沙 ················ 230g
奶茶糖浆 ·············· 1杯
奶茶冰淇淋 ············ 2勺
小饼干 ··············· 1个

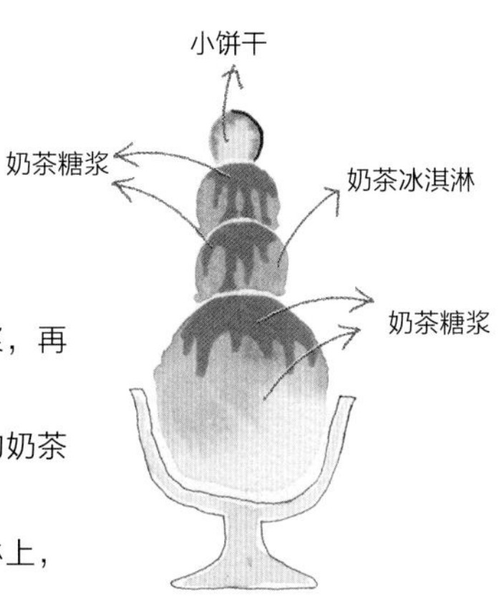

01 往杯中装入满杯的冰沙，然后浇上一层奶茶糖浆，再放上一层冰沙。

02 放上满满的冰沙后保持其不倒塌，小心地放上2勺奶茶冰淇淋。

03 再撒上一层奶茶糖浆，然后把小饼干插在冰淇淋上，做出漂亮的外形。

▶ 制作冰淇淋的方法可参考P18。

制作奶茶糖浆

■ 食材　1人份的标准 ■

红茶茶叶（伯爵红茶）··· 10g（袋装红茶4～5g也可）
牛奶 ················ 250mL
砂糖 ················ 100g

01 将牛奶、砂糖、红茶茶叶放入锅中，小火慢煮7分钟左右，并将煮的过程中产生的牛奶沫撇出来。

02 将煮好的食材用筛子过滤一遍，过滤后的汁液冷却后放入消过毒的容器中保存。若想做出更甜更稠的糖浆，可取出后再用小火煮一次。

01

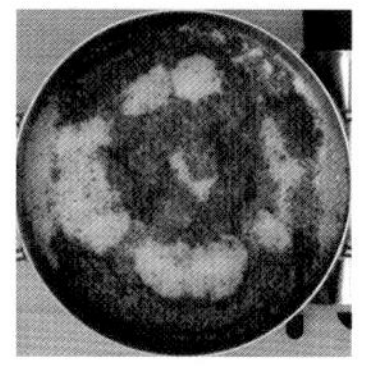

02

木薯粉珍珠奶茶

牛奶中加入糖浆，就可以享受全新的味道啦！

食材：牛奶240mL、奶茶糖浆3大勺、黑色木薯粉2大勺

往锅里兑入足够的水，烧至沸腾，将木薯粉加入锅里，煮1小时左右，至木薯粉变为透明的珍珠小球。将煮好后的珍珠小球倒入冷水中涮一遍，用筛子沥除水分。将奶茶糖浆倒入锅中，把牛奶分三次加入，用搅拌器不停搅拌，直至完全融合后倒入玻璃杯中，加入珍珠小球就完成了。

提拉米苏刨冰

TIRAMISU

Tira（吸引）+mi（我）+su（安慰）。“提拉米苏总是吸引着我，带给我安慰。”
提拉米苏刨冰是提拉米苏、咖啡和水果的结合，总是能使我的心情变得明朗！

HOW TO MAKE

■ 食材　1人份的标准 ■

冰沙 · · · · · · · · · · · · · · · · 230g
提拉米苏奶油 · · · · · · · · · · 4大勺
蛋糕 · · · · · · · · · · · · · · · · 1块
鲜草莓和树莓 · · · · · · · · · · 适量
炼乳 · · · · · · · · · · · · · · · · 1/2杯
水果鸡尾酒 · · · · · · · · · · · 2大勺
咖啡 · · · · · · · · · · · · · · · · 1/2杯
可可粉 · · · · · · · · · · · · · · 适量
糖粉 · · · · · · · · · · · · · · · · 适量

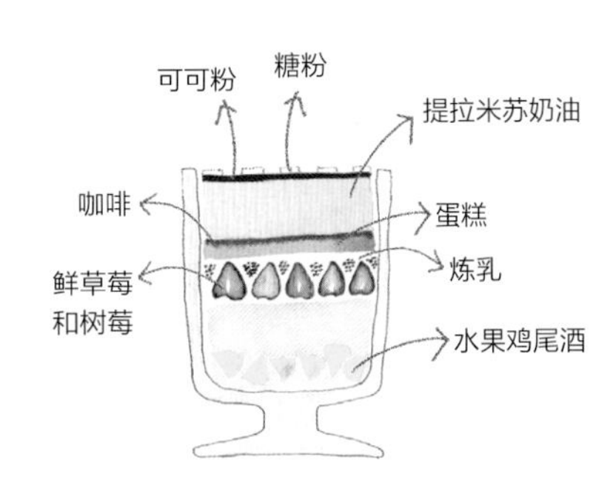

01 先往杯底倒入一些水果鸡尾酒，再往杯中装入约半杯的冰沙，然后放入一半切好的鲜草莓和树莓。

02 浇上一层炼乳，然后将切成薄片儿的蛋糕摆放在上面，再撒上咖啡。

03 然后浇上提拉米苏奶油，再将筛子筛过的可可粉撒上，最后按照格子的形状撒上糖粉，做出漂亮的外形。

01

简单制作提拉米苏

■ 食材　1人份的标准 ■

马卡龙乳酪 · · · · · · · · · · · 100g
生奶油 · · · · · · · · · · · · · · 50mL
糖粉 · · · · · · · · · · · · · · · · 30g
蛋糕 · · · · · · · · · · · · · · · · 1个
咖啡 · · · · · · · · · · · · · · · · 1/2杯
可可粉 · · · · · · · · · · · · · · 10g

01 将蛋糕切成大小适当的块状。

02 将咖啡浇在蛋糕上。

03 将马卡龙乳酪、砂糖、生奶油、糖粉放到搅拌机里充分搅拌，制成提拉米苏奶油，抹在蛋糕上。

04 将可可粉筛滤后撒在蛋糕上。

03

04

桑格利亚刨冰

SANGRIA

西班牙的传统汽酒桑格利亚制作的刨冰让整个夏季都变得凉爽了！
嚼起来咔嚓咔嚓的冰沙，新鲜的水果，凉爽的糖浆，这就是正宗的桑格利亚刨冰！

HOW TO MAKE

■ 食材　1人份的标准 ■

小冰块 ·············· 300g
桑格利亚糖浆 ·········· 2杯
草莓 ················ 8~9颗
蓝莓 ················ 100g
树莓 ················ 30g
碳酸水 ·············· 1杯（碳酸饮料也可）
樱桃 ················ 1个
菠萝 ················ 1块

01 先将小冰块放入搅拌机中，打碎到适合食用的大小。

02 从杯底开始轮流摆放草莓和蓝莓。

03 往杯中放入约一红酒杯的冰沙，然后往冰沙上面撒上约3/5杯的桑格利亚糖浆，杯中剩下的空间用碳酸水补满。

04 最后再往杯中堆冰沙，直到溢出杯口为止，剩下的水果都尽可能摆上，顶部再撒一层桑格利亚糖浆就完成了。

01

02
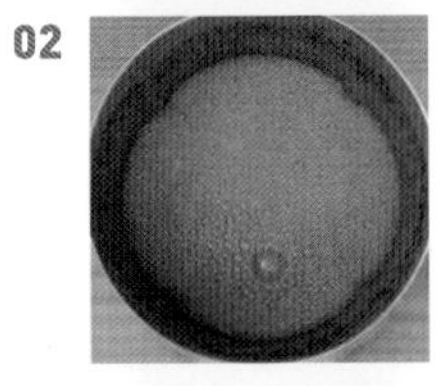
03

制作桑格利亚糖浆

■ 食材　1人份的标准 ■

柠檬 ················ 2个（也可用柠檬汁）
苹果 ················ 2个（也可用苹果汁）
橙子 ················ 2个（也可用橙子汁）
红酒 ················ 200mL
葡萄汁 ·············· 100mL
砂糖 ················ 150g

01 将柠檬、苹果、橙子洗干净后削皮、去核。

02 将切成块的水果、葡萄汁、红酒、砂糖放入搅拌机中，充分搅拌。

03 将所有的材料都充分搅拌，然后用筛子过滤一遍。

奥利奥巧克力派刨冰

OREO & CHOCOPIE

世界最畅销的饼干奥利奥和巧克力派的相遇。
饼干的香醇和牛奶的香滑，好吃到让你根本停不下来！

HOW TO MAKE

■ 食材　2人份的标准 ■

冰沙 ················ 230g
奥利奥饼干 ············ 5个
奥利奥冰淇淋 ·········· 4勺
巧克力派 ············· 3个
牛奶 ················ 2杯

01 往杯中装入约1/3杯高的冰沙，然后倒入准备好的牛奶的1/3。

02 放上1/3的奥利奥冰淇淋，然后摆上切成小块的奥利奥饼干。

03 再加入约2/3杯的冰沙和1/3的牛奶。

04 再次摆上1/3的奥利奥冰淇淋，然后上面堆上满满的冰沙，倒入剩下的全部牛奶。

05 将巧克力派切成小块，摆在冰沙上。然后将剩下的冰淇淋做成圆球状，摆在巧克力派上，最后撒上揉碎的奥利奥粉末。

▶ 冰淇淋的制作方法可参考P18。

奥利奥小故事

奥利奥（Oreo）是美国卡夫食品公司的一个饼干品牌。自1912年第一次在美国生产、销售以后，就立刻引起了轰动，成为20世纪最畅销的饼干。直到现在，销售量依然十分高。将奥利奥饼干蘸着牛奶更好吃。奥利奥饼干的名字是怎么来的呢？有什么特殊的含义吗？虽然没有详细的记载，但大约有以下几种说法。

第一个说法是："奥利奥"这个名字的发音很有韵律感，而且发音很容易。

第二个说法是：奥利奥最初使用的包装纸是金黄色的，在法语中"黄金"的意思来源于"or"。

第三个说法是：在希腊语中"oreo"是"山"的意思，据说第一次实验生产出的奥利奥饼干外形就像一座小山丘一样，所以起了这个名字。

虽然不确定上面的说法哪一个是真的，但是正是这种神秘感给我们带来了更多趣味。

PART Ⅳ

特别的时间·品尝独特的刨冰

啤酒刨冰

BEER

闷热的夏日夜晚，当你心血来潮想要喝一杯啤酒的时候，就痛痛快快醉一场吧！

HOW TO MAKE

■ 食材　2人份的标准 ■

冰沙 · · · · · · · · · · · · · · · · · 230g
啤酒糖浆（黑、黄）· · · · · 各300mL
碳酸水 · · · · · · · · · · · · · · · · 1杯（碳酸饮料也可）
猕猴桃 · · · · · · · · · · · · · · · · 1/2块

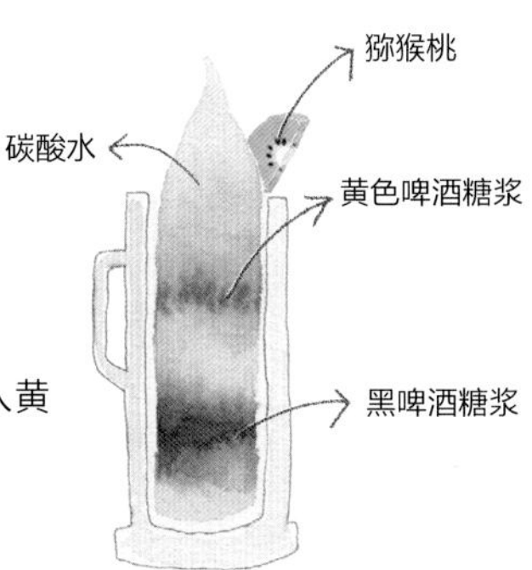

01 装入约半啤酒杯高的冰沙，然后倒入黑啤酒糖浆。
02 然后再次装入冰沙，到满满一啤酒杯为止，再倒入黄色啤酒糖浆。
03 从上面浇上碳酸水。
04 再次堆上冰沙，然后在冰沙上面摆上切好的猕猴桃。

制作啤酒糖浆

■ 食材　1人份的标准 ■

啤酒（黑、黄）· · · · · · · · · 各1罐（330ml）
砂糖 · · · · · · · · · · · · · · · · · 120g

01 将啤酒和砂糖倒入锅中，用中火煮。
02 煮啤酒的时候，会出来很多带酸味的泡沫，用勺子将泡沫撇出来。
03 直到没有泡沫再出现，熄火。
04 将煮好的糖浆用筛子过滤一遍，再撇弃残余的泡沫。

TIP

如何制作带有酒精味道的啤酒刨冰？

如果想要制作带有酒精味道的啤酒刨冰，就可以省略掉制作啤酒糖浆这一步了。直接在冰沙上面倒上产生很多气泡的啤酒，如果还想保留刨冰的甜味的话，可以倒啤酒之前加入做好的琼脂糖浆。

02

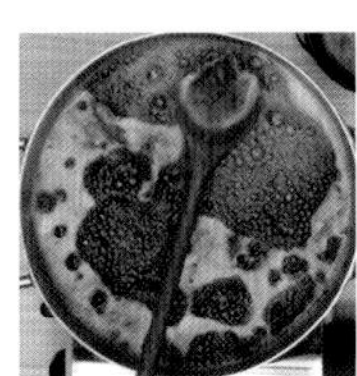

03

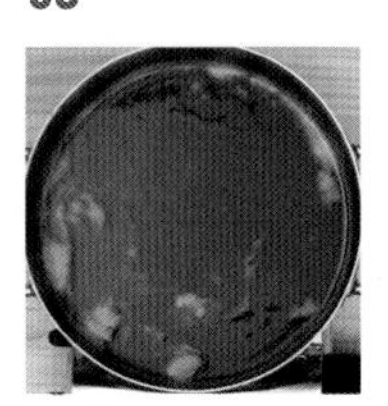

04

玫瑰刨冰

ROSE POWDER

房间里飘溢着玫瑰香的诱惑。
玫瑰刨冰是使用可以食用的玫瑰粉制作的特殊的刨冰。

HOW TO MAKE

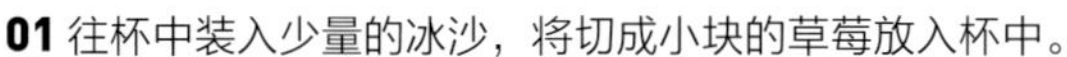

■ 食材　1人份的标准 ■

冰沙 · 230g

玫瑰草莓糖浆 · · · · · · · · · · · · · · · · · · 1杯

草莓 · 4~5颗

炼乳 · 1/2杯

玫瑰粉 · 1小勺

草莓粉 · 1小勺

可食用玫瑰（也可用晒干的玫瑰瓣）· · · 2枝

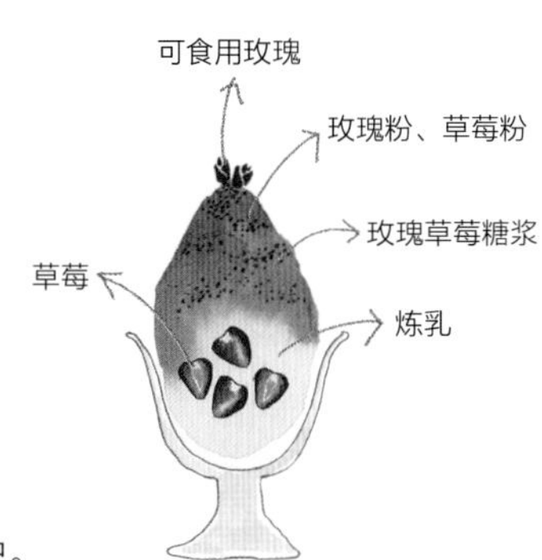

01 往杯中装入少量的冰沙，将切成小块的草莓放入杯中。

02 然后再次装入冰沙，到满满一杯为止，撒上一层炼乳。

03 将玫瑰草莓糖浆撒入杯中，再次堆上一层冰沙，将玫瑰粉和草莓粉混合后用筛子过滤，过滤后撒在冰沙上。

04 将晒干的可食用玫瑰装饰在刨冰上。

玫瑰的用途

玫瑰在食品领域的使用度也很高。大家最为熟知的就是将花苞晒干后，作为玫瑰花茶，或者将晒干的花瓣磨碎，制成玫瑰花粉。玫瑰花粉可以放入饮料或者饼干中食用，还可以和水或者蜂蜜一起制作各种小吃。玫瑰浓缩原液还可以用来制作各种果汁、糖浆、果酱等。玫瑰含有丰富的花色素苷和胡萝卜素，具有很好的抗氧化功能。而且玫瑰中含有的维生素C对于抗老化、抗疲劳都很有帮助。

制作玫瑰草莓糖浆

■ 食材　1人份的标准 ■

玫瑰糖浆 · · · · · · · · · · · · · · 60mL

草莓 · · · · · · · · · · · · · · · · · 3颗

琼脂糖浆 · · · · · · · · · · · · · · 150mL

01 将玫瑰糖浆、草莓、琼脂糖浆倒入搅拌机中。

02 将所有食材充分搅拌，用筛子过滤出糖浆。

01

02

情人节刨冰

STRAWBERRY & CHOCOLATE

在这个特别的日子里，这是一份表达爱意的特殊的礼物。
和身边的恋人一起制作这个包含巧克力和草莓的情人节刨冰吧！

HOW TO MAKE

■ 食材　2人份的标准 ■

冰沙 ················ 460g
草莓糖浆 ·············· 2杯
水果鸡尾酒 ············ 2大勺
草莓巧克力（大块）······ 1块
草莓巧克力（小块）······ 4块
草莓 ················ 2颗
草莓干酪 ·············· 3个
牛奶 ················ 1杯

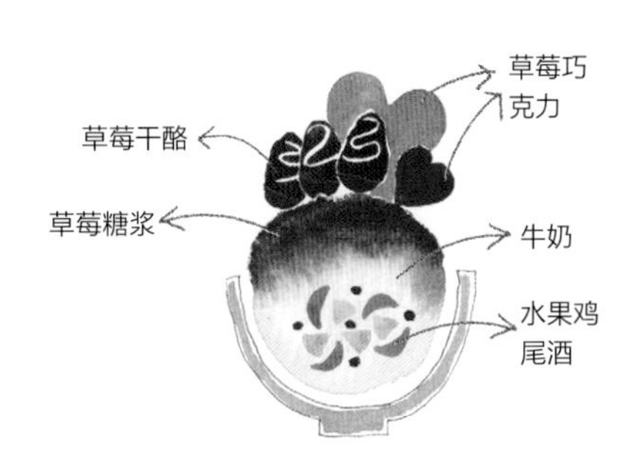

01 往杯中倒入水果鸡尾酒和牛奶，然后再装入满满一杯的冰沙。

02 在冰沙上面撒上一层草莓糖浆。

03 将草莓巧克力和草莓干酪作为装饰摆到刨冰上。

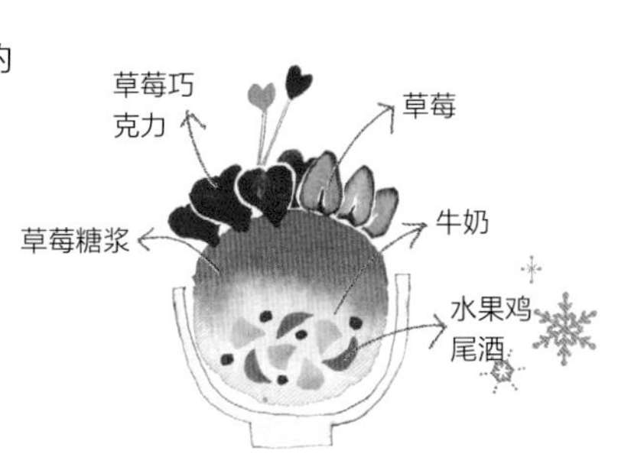

01

02

03

制作草莓干酪

■ 食材　3人份的标准 ■

草莓 ················ 9颗
黑巧克力 ·············· 100g
白巧克力管 ············ 1个

01 将黑巧克力放入小锅里蒸，直到巧克力完全融化为止。

02 把草莓在融化的黑巧克力中蘸一下，使草莓上粘满巧克力。

03 将白巧克力管放到热水中，使白巧克力管稍微融化变软后，在草莓干酪上画出漂亮的格子形状。

蓝海刨冰

BLUE CURACAO

蓝海刨冰是用蓝色柑桂酒糖浆制作的，色彩晶亮如地中海的蓝色光线。
嘴里满满的清凉感送走了热带地区的闷热！

HOW TO MAKE

■ 食材　2人份的标准 ■

冰沙 ················ 460g

蓝海刨冰糖浆 ··········· 2杯

水果鸡尾酒 ············ 1大勺

01 先往杯中倒入一些冰沙，然后浇入水果鸡尾酒。

02 倒入鸡尾酒后，再在上面铺上一层冰沙，然后在冰沙上面倒入蓝海刨冰糖浆，然后反复堆积冰沙，堆成小船的模样。

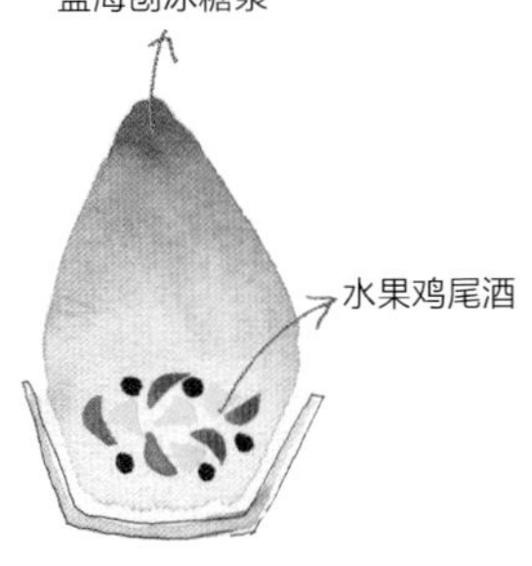

柑桂酒

柑桂酒是一种专用于调制鸡尾酒的原料酒，它是用加勒比海柑桂岛上的一种橘子的皮晒干后加工而成的。白色是其基本颜色，还有蓝色、红色、绿色和橙色。

制作蓝海刨冰糖浆

■ 食材　1人份的标准 ■

水 ·················· 1/2杯

蓝色柑桂酒 ············ 1杯

砂糖 ················ 45g

柠檬汁 ··············· 1大勺

石花菜粉 ·············· 1/4小勺

01 将半杯的蓝色柑桂酒和水倒入锅中搅拌，然后将石花菜粉倒进去，泡10分钟左右。

02 然后将砂糖加进去，中火煮5分钟左右，再把剩下的蓝色柑桂酒和柠檬汁倒进去。

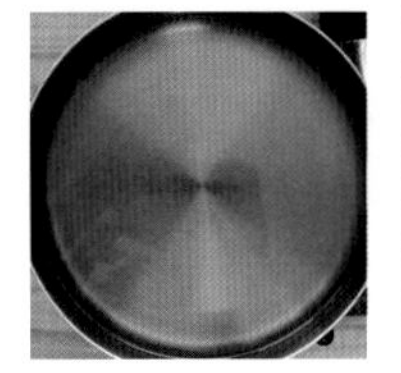

02

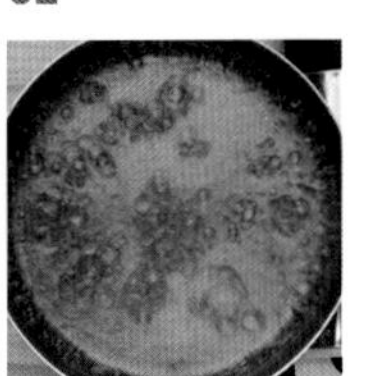

TIP

运动饮料

若不用蓝色柑桂酒，还可以使用平时在超市或者便利店买到的天蓝色伏特加酒。如果是给孩子们吃，还可以使用运动饮料。但是，一定要注意，蓝色的运动饮料和砂糖一起煮的时间过长的话会变成绿色。

西红柿刨冰

TOMATO & CARROT & PURPLE SWEET POTATO

现在还在努力节食减肥吗？不用再担心啦！
低热量刨冰降临啦！它的主要材料是胡萝卜、西红柿和紫薯，对瘦身有很大帮助喔！

HOW TO MAKE

■ 食材　1人份的标准 ■

冰沙	230g	豆奶	1杯
胡萝卜汁糖浆	1杯	蜂蜜	3大勺
紫薯糖浆	1杯	西红柿冰淇淋	1勺
西红柿（捣碎后）	2大勺	小西红柿	1个

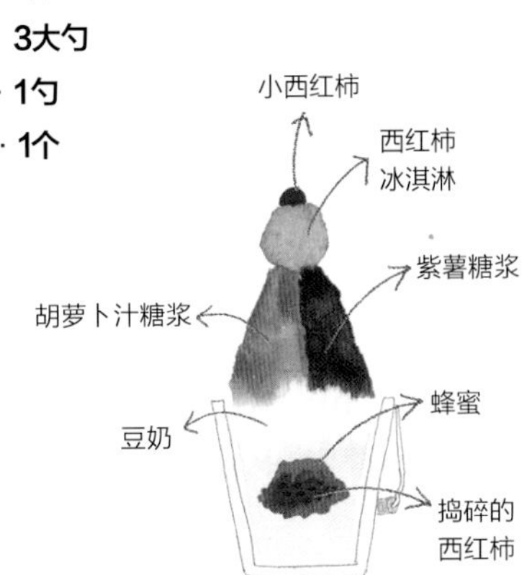

01 先往杯中倒入约半杯的冰沙，然后放入捣碎的西红柿和2大勺蜂蜜。

02 撒上一层豆奶，然后堆上满满的冰沙。

03 在堆积的冰沙两侧倒入胡萝卜汁糖浆和紫薯糖浆。

04 在最上面放上西红柿冰淇淋和小西红柿，最后浇上一勺蜂蜜，完成刨冰的装饰。

▶ 冰淇淋的制作方法参考P18。

制作胡萝卜汁糖浆

■ 食材　1人份的标准 ■

胡萝卜汁	120mL
胡萝卜	20g
酸奶	1瓶（65mL）
蜂蜜	2大勺

01 将胡萝卜去皮切成小块后放到搅拌机里，然后将胡萝卜汁、酸奶和蜂蜜都倒入搅拌机中。

02 充分搅拌。

01

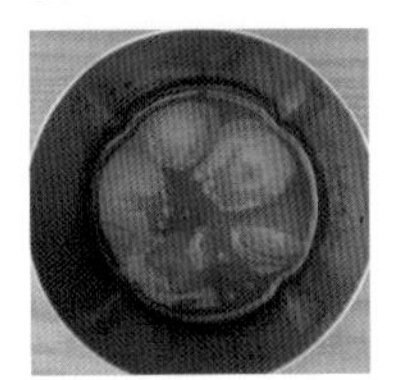

02

制作紫薯糖浆

■ 食材　1人份的标准 ■

紫薯粉	20g
豆奶	1杯
蜂蜜	2大勺

01 将紫薯粉（或蒸熟的紫薯）、豆奶、蜂蜜放入搅拌机中。

02 将材料充分搅拌，使紫薯粉均匀地和其他食材融和。

01

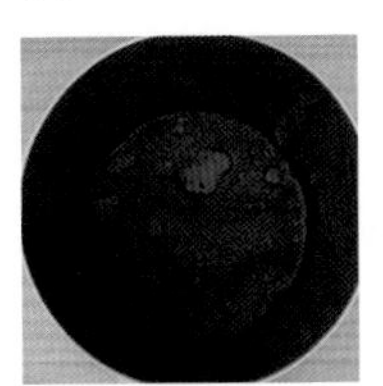

02

怀旧水果刨冰

VARIOUS FRUIT

这是用存留在我们记忆中的水果做的刨冰。
看到它，儿时巷口的小店慢慢浮现在脑海，让我们一起通过它进行一次时间旅行吧！

HOW TO MAKE

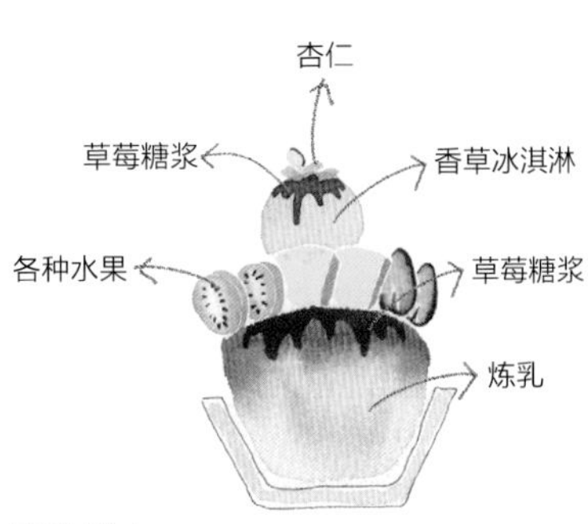

■ 食材　1人份的标准 ■

冰沙 · · · · · · · · · · · · · · · · · **230g**
草莓糖浆 · · · · · · · · · · · · · · · **1杯**
香草冰淇淋 · · · · · · · · · · · · · **1勺**
炼乳 · · · · · · · · · · · · · · · · · **1/2杯**
杏仁 · · · · · · · · · · · · · · · · · **适量**
猕猴桃、草莓、菠萝、香蕉、西瓜、苹果等水果

01 往杯中倒入满杯的冰沙，然后浇上一层炼乳，再次堆上一层冰沙，接下来撒上一层草莓糖浆。

02 将自己喜欢的各种水果切成小块放上去，把香草冰淇淋摆放在水果块之间。

03 在上面浇上一层草莓糖浆，最后摆上准备的杏仁。

▶ 冰淇淋的制作方法可参考P18。

制作草莓糖浆

■ 食材　1人份的标准 ■

草莓 · · · · · · · · · · · · · · · · · **6个**
琼脂糖浆 · · · · · · · · · · · · · · · **120mL**

01 将草莓和琼脂糖浆倒入搅拌机中。

02 然后充分搅拌。

01

02

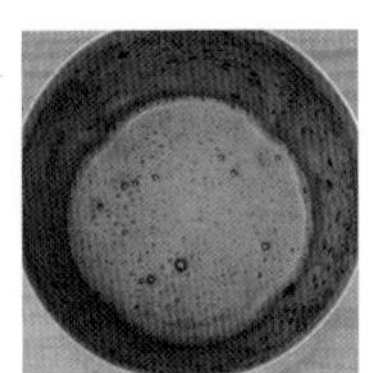

TIP

用剩余的水果制作果酱

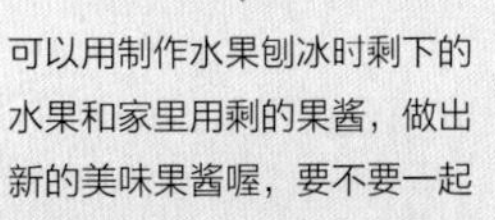

可以用制作水果刨冰时剩下的水果和家里用剩的果酱，做出新的美味果酱喔，要不要一起试一试？

将用剩的水果和柠檬汁一起倒入锅里，然后均匀地搅拌，然后再放入与水果重量相同的砂糖，一直搅拌到水分出来。然后用中火煮，煮到沸腾，关火，撇去产生的泡沫。然后继续煮，直到不再产生泡沫，汁液变稠，熄火，将果酱倒入瓶中保管。做好的果酱可以放到冰淇淋或者刨冰上一起食用。

豌豆刨冰

GREEN PEA

用草绿色的豌豆做的可爱香醇的豌豆刨冰完工啦！
它含有丰富的维生素C和食用纤维素，对女性朋友来说美味又健康！

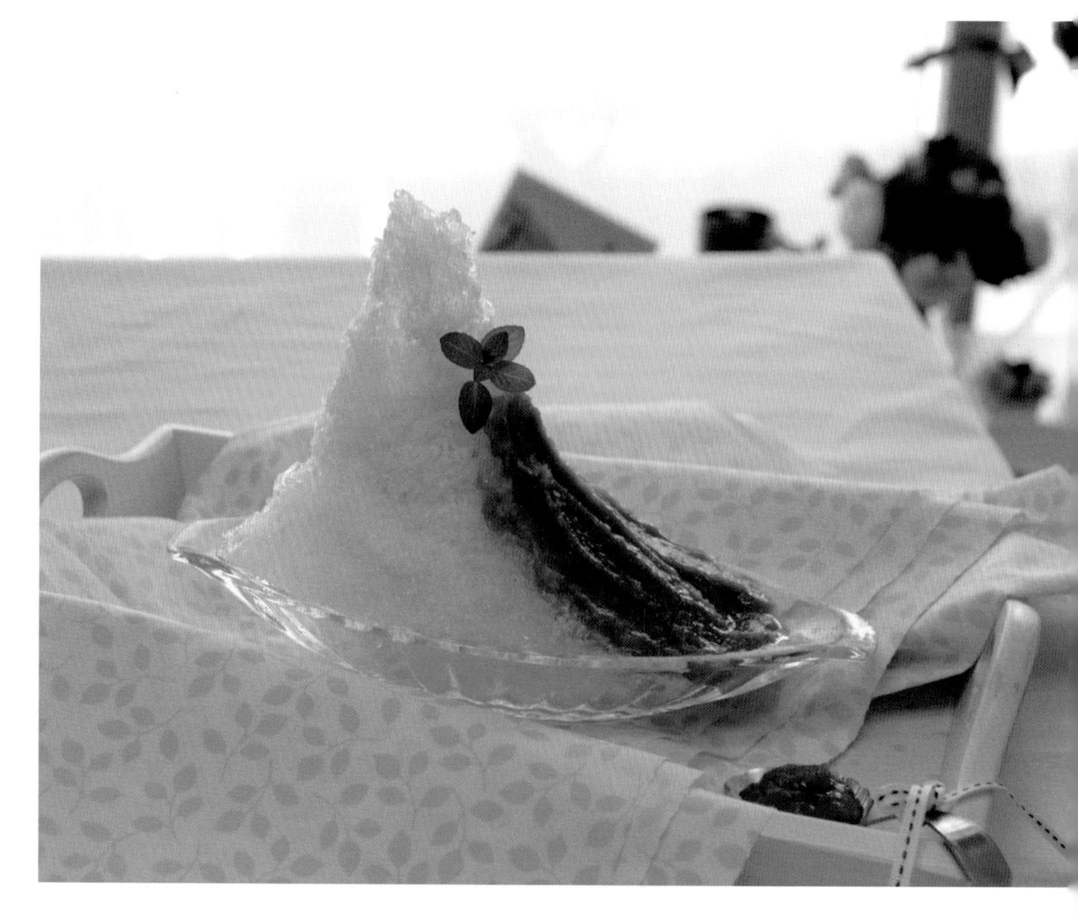

HOW TO MAKE

■ 食材　1人份的标准 ■

冰沙 · · · · · · · · · · · · · · · · · 230g
豌豆调味汁 · · · · · · · · · · · · · 3大勺
炼乳 · · · · · · · · · · · · · · · · · 1/2杯

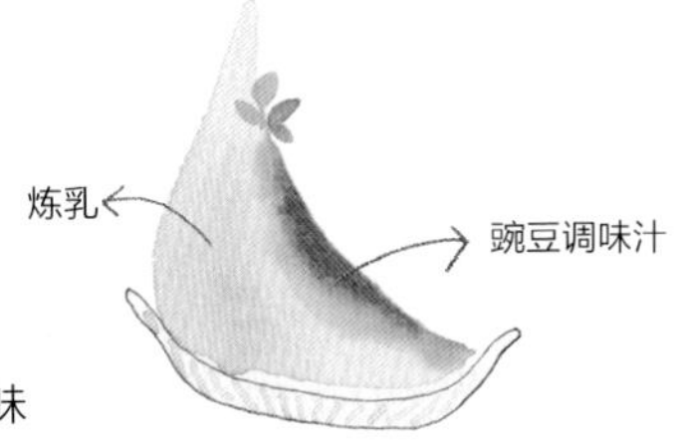

01 先往杯中浇一层炼乳，再在杯子的一侧堆上冰沙。
02 在堆着冰沙的另一侧，用勺子均匀地抹上豌豆调味汁。

制作豌豆馅

制作一些含有豌豆淀粉的年糕或面包等小零食，和豌豆刨冰一起食用吧！

食材：豌豆、砂糖（豌豆分量的1/4）

将豌豆洗干净后泡在水中，直至豌豆皮开始有掉落的迹象，然后用手将豌豆皮搓掉，反复搓皮换水。再将豌豆放在锅中煮熟。将煮熟的豌豆和砂糖倒入搅拌机中，加入水搅拌。搅拌后倒入平底锅中炒一炒，使水分蒸发，达到需要的程度时熄火冷却。

制作草莓糖浆

■ 食材　1人份的标准 ■

豌豆 · · · · · · · · · · · · · · · · · 200g
水 · · · · · · · · · · · · · · · · · · 1L
砂糖 · · · · · · · · · · · · · · · · · 100g
盐 · · · · · · · · · · · · · · · · · · 适量

01 将豌豆、砂糖、盐和水一起放入锅中，用大火煮。
02 水沸腾后调为中火，水慢慢减少的同时，将豌豆煮熟。
03 豌豆完全煮熟后，待水几乎没有时熄火，然后倒到搅拌机中。
04 用搅拌机充分搅拌。

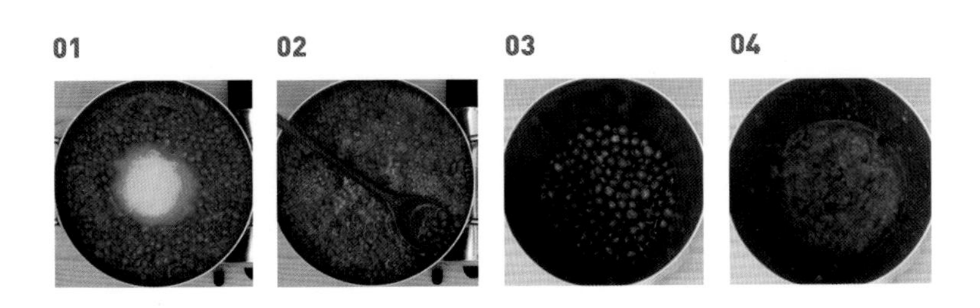

石榴刨冰

POMEGRANATE

石榴刨冰有着香甜清爽的味道，且含有丰富的植物性雌激素。
我是不是应该给最近比较郁闷的妈妈做一份呢？

HOW TO MAKE

■ 食材　1人份的标准 ■

冰沙 ·················· 460g
石榴糖浆 ·············· 1杯
炼乳 ·················· 1/2杯
水果鸡尾酒 ············ 1/2杯

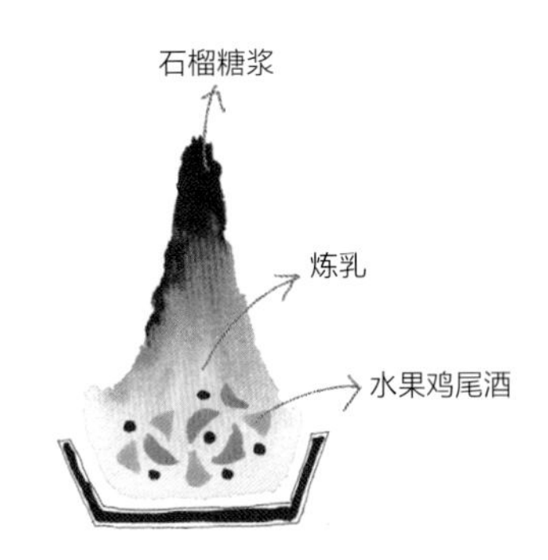

01 先往杯中堆上一些冰沙，倒入水果鸡尾酒，然后浇上一些炼乳，再堆上一层冰沙。

02 将冰沙尽量堆得超过杯口，形成凸起的形状，然后浇上一层石榴糖浆，再盖上一层冰沙。

03 反复浇上糖浆和盖上冰沙，直到糖浆覆盖整个刨冰为止。

石榴的历史和营养价值

据古希腊神话的记载，珀耳塞福涅正是由于吃了石榴，才导致自己成了冥界之神哈得斯的妻子。石榴在很多文明中都是有着宗教象征意义的水果。在《古兰经》中，石榴被描绘成是神赐予人类的吉祥之物；据圣经的《出埃及记》记载，主教们用石榴来装扮自己的法衣。而且，包裹着石榴籽的薄膜含有丰富的植物性雌激素，所以，石榴更加受女性的喜爱。

制作石榴糖浆

■ 食材　1人份的标准 ■

石榴 ·················· 300g
琼脂糖浆 ·············· 150mL
砂糖 ·················· 70g

01 将石榴籽、琼脂糖浆放入锅中，用中火煮。

02 水沸腾后调为小火，再煮10分钟左右。

03 倒入筛子中，将石榴籽筛去。

04 将筛子中剩下的石榴籽用手挤一挤，将糖浆充分挤出来。

外卖杯装刨冰

RED BEAN & VARIOUS FRUIT & GREEN TEA

可以端着慢慢享受的杯装刨冰。
闷热的夏日，在出门前将准备好的刨冰材料倒进杯子里，带上香甜的刨冰出发啦！

HOW TO MAKE

红豆杯装刨冰

■食材　1人份的标准■

冰沙 ·················· 230g
豆沙 ·················· 2勺
油茶面儿 ················ 2大勺
炼乳 ·················· 1/2杯
糯米糕 ················· 1个（小的即可）
麦片 ·················· 适量

可参考P44红豆刨冰的制作方法。

制作石榴糖浆

■食材　1人份的标准■

冰沙 ·················· 230g
草莓糖浆 ················ 1杯
草莓冰淇淋 ··············· 1勺
炼乳 ·················· 1/2杯
菠萝 ·················· 1/2块
蓝莓 ·················· 1大勺
草莓 ·················· 1颗
水果鸡尾酒 ··············· 2大勺

可参考P90怀旧水果刨冰的制作方法。

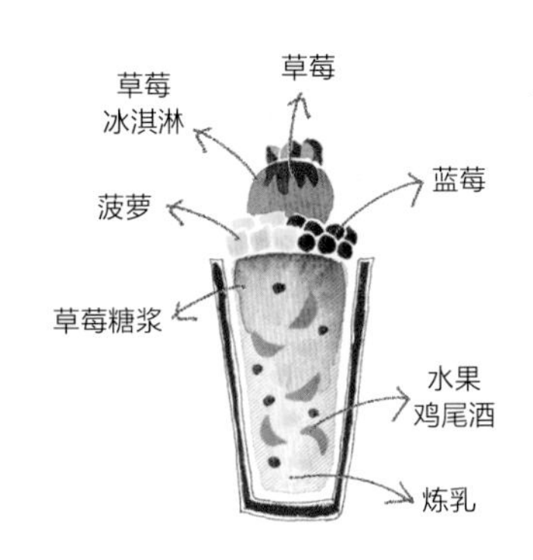

绿茶杯装刨冰

■食材　1人份的标准■

冰沙 ·················· 230g
豆沙 ·················· 1勺
绿茶拿铁糖浆 ·············· 1杯
绿茶冰淇淋 ··············· 2勺
坚果 ·················· 适量

可参考P48绿茶刨冰的制作方法。

▶ 豆沙的制作方法可参考P15，油茶面儿的制作方法可参考P21，糯米糕的制作方法可参考P20，冰淇淋的制作方法可参考P18。

圣诞节刨冰

GREEN TEA LATTE

这是为圣诞节聚会特意准备的刨冰！
在此把这个足足有60cm高的大个子刨冰送给大家一起品尝吧！

HOW TO MAKE

■ 食材　超过10人份的标准 ■

冰沙 ·················· 2760g
绿茶拿铁糖浆 ············ 3杯
炼乳 ·················· 2杯
樱桃 ·················· 1颗

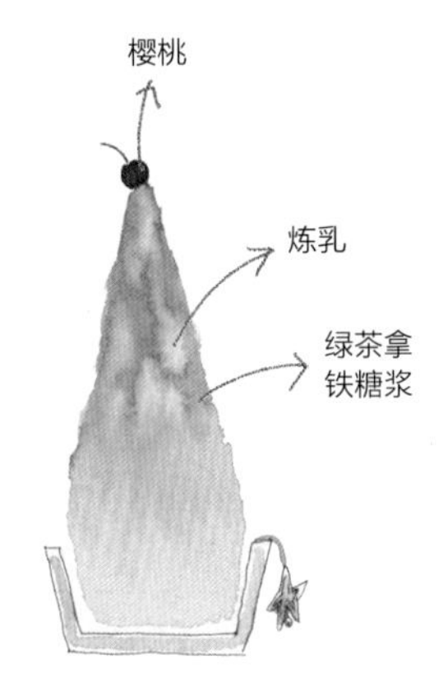

01 往杯中堆上满满的冰沙，将中间的冰沙紧紧地按压，使其比较结实牢固。

02 把手放在刨冰机冰沙的出口处，把出来的冰沙直接用手接住，堆积到刨冰杯子上。

03 将冰沙堆积到约60cm的高度，然后将绿茶拿铁糖浆均匀地浇在冰沙上，然后撒上一层炼乳。

制作绿茶拿铁糖浆

■ 食材　超过10人份的标准 ■

绿茶糖浆 ··············· 300mL
牛奶 ·················· 300mL

01 将绿茶糖浆和牛奶放入锅中。

02 用手动搅拌器或者打泡器等把食材充分搅拌。

01

02

制作绿茶拿铁

若往绿茶粉里加入牛奶或者豆奶，可以品尝到更加细腻丝滑的绿茶拿铁。往杯中加入3g的绿茶粉和砂糖，再倒入100mL沸腾的热水。在泡茶期间，将200mL的牛奶倒入锅中煮沸，在牛奶开始沸腾起泡时熄火。将牛奶和泡好的绿茶一起混合搅拌。用打泡器将剩下的牛奶搅拌出气泡，倒到混合后的绿茶中，再在气泡上撒上一层绿茶粉，形成漂亮的外形。然后根据个人爱好，可以撒上一些香草干酪。

PART V

有名的刨冰小店

嘉咖

GABAE

位于韩国三清洞的“嘉咖”，到今年为止，已经是经营了20年的知名年糕店了。它曾为“年糕咖啡”理念在韩国的推广做出了重大贡献。我曾问“嘉咖”的老板是怎么想到开始制作和提供刨冰的呢？结果老板回答道：“刚开始搬到三清洞的时候，我是准备只做手工年糕的，提供刨冰也只是因为兴趣随便玩一玩，却没想到后来刨冰销售得那么好。”这家店的老板说话特别幽默风趣，所以店里的氛围一直很好。从购买高质量的食材，到仔细地料理，想要顺利地做成一碗刨冰也不是一件容易的事。而这家店的老板很用心，即使是煮红豆、炒坚果这些小事也都是亲力亲为，对每一碗刨冰都投入了真挚的感情。我听说这家店曾拒绝了很多采访，所以当我准备在本书中介绍这家店时也很担心被拒绝。店老板一直坚称：“饭店就应该用食物来吸引顾客，而不应该用其他的宣传方法。”这就是以美味的红豆刨冰著称的“嘉咖”！

嘉咖

地址 首尔特别市钟路区八判洞90号（总店）

电话号码 02-718-5084

营业时间 09:00~18:00 星期一休息

网址 www.gabae.co.kr

泊车 可使用嘉咖前的公共停车场

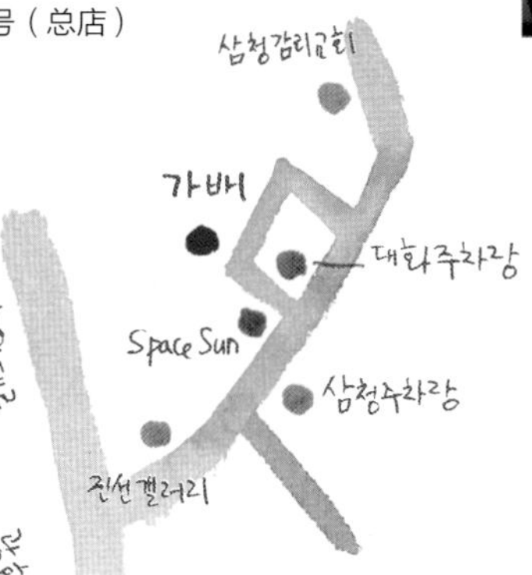

菜单(1人份标准)

草莓红豆刨冰	10,000韩元
传统红豆刨冰	8,000韩元
南瓜刨冰	10,000韩元

（注：1,000韩元约合人民币6元）

墙边的菊花

DAMJANG YEOPE GUKWAKKOT

据说，神最后创造的最完美的花就是菊花。“墙边的菊花”作为韩国知名的年糕咖啡店，它一直为了成长为如雏菊般完美的店而努力着，兢兢业业地制作着每一份佳肴。以前，人们心中还存在着年糕和咖啡不相配的偏见，但是现在，如这家店就已经开始为调和韩食和西餐的关系而努力了。这家店里有各种各样的刨冰，但是最具特色的就是栗子大枣红豆刨冰，刨冰浇头是用冻干的酥脆的大枣干和香甜的栗子蜜饯做的。这家店在选择红豆的时候，就连是要用平原地带生产的红豆，还是要用山坡地带生产的红豆都要纠结一番，真是用心良苦。大部分的刨冰店都是使用一般的锅来煮红豆，但是这家店使用的是蒸汽锅，所以煮出来的红豆是一粒一粒分开的，而且口感很细腻柔滑。使用百分之百的本地刨冰食材，最后浇上香醇的牛奶和炼乳，加上松软的雪花冰沙，美味的刨冰完成啦！

墙边的菊花

地址 首尔特别市瑞草区盘浦洞92-3号

电话号码 02-517-1157

营业时间 09:00～23:00，10:00～23:00

（公休日及星期一）

11月第三个星期一（店庆纪念日）

春节当天及中秋节当天休息

网址 www.damkkot.com

泊车 可使用Valet以及附近的公共停车场

菜单（1人份、2人份标准）

品名	1人份	2人份
栗子大枣红豆刨冰	8,000韩元	14,000韩元
南瓜红豆刨冰	9,000韩元	16,000韩元
草莓红豆刨冰	9,000韩元	16,000韩元
咖啡红豆刨冰	9,000韩元	16,000韩元
绿茶红豆刨冰	9,000韩元	16,000韩元
水正果刨冰	9,000韩元	

东冰库

DONG BING GO

这到底是刨冰啊，还是一道菜啊？正确答案是：这是“东冰库”的红豆刨冰！越嚼越出味的红豆、清淡的炼乳、稍粗的雪花冰沙、黏稠的年糕，它们虽然都是常见的红豆刨冰的基本材料，但却一起组成了这碗怎么吃都不腻的魔力刨冰。在15世纪的德国，威廉四世在酿啤酒的时候声称，只有保证除了水、大麦和啤酒花以外不添加任何东西，才能保证啤酒的纯粹性。因此德国的啤酒品质得到了很大的提高，据说一直到今天，德国啤酒还继承着这种方法和味道。如果说要求我们传承以前红豆刨冰的纯粹性的话，那只有“东冰库”的红豆刨冰一直遵循着以前的要求，继承着传统刨冰的味道。不特意去调制甜味，保存着食物香甜的本性，就是这家红豆刨冰的特色！寒冷的冬天也可以尽情地享受这份甘甜喔！

东冰库

地址 首尔特别市龙山区二村洞301-162号
现代商业街　1层101号（总店）

电话号码 02-794-7171

营业时间 10:30～23:00　全年营业

泊车 可停在店前的路边或周围的公共停车场

菜单（1人份标准）

红豆刨冰 6,500韩元

油茶面儿刨冰 6,500韩元

绿茶刨冰 7,000韩元

咖啡刨冰 7,000韩元

皇家奶茶刨冰 7,000韩元

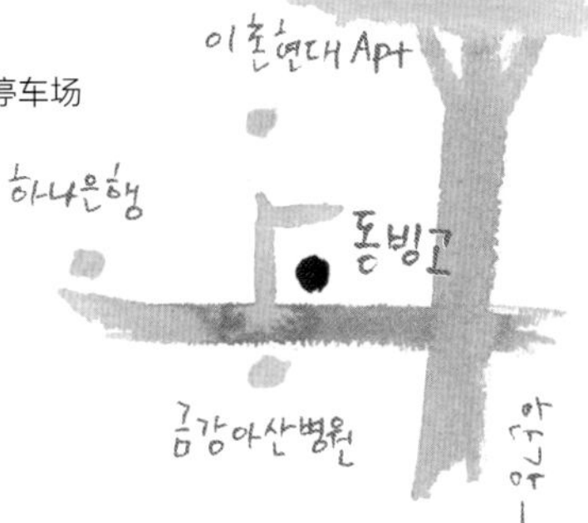

甜蜜蜜

BE SWEET ON

“甜蜜蜜”以提供能够给顾客带来视觉和味觉双重享受的抹茶刨冰而著称。我们平时了解的绿茶是将茶叶炒熟，用热水冲泡后再饮用；抹茶则是直接将茶叶蒸熟磨成粉。因此，如果将抹茶也泡在水里喝，那几乎就和绿茶一样了，只不过颜色和味道比一般的绿茶更加强烈。在这家店里吃到的刨冰的糖浆，是用日本静冈县栽培的顶级有机抹茶或日本京都的茶园生产的抹茶制作的。刨冰里的抹茶冰淇淋也是店主亲自做的。而且，搭配京畿道涟川郡栽培的红豆制作的豆沙和日本产的白玉粉制作的糯米团子，真是一份特别的套餐！如果避开午饭或者晚饭时间去的话，可以好好地享受一下雪花刨冰的滑腻和香甜的抹茶味道。

甜蜜蜜

地址 首尔特别市麻浦区西桥洞339-3号
新春大厦 2楼（总店）

电话号码 02-323-2370

营业时间 14:00～23:00　全年营业

泊车 可使用周围的公共停车场

菜单（2人份标准）

抹茶刨冰 17,800韩元

홍대역 8번출구
Seven 11
버거킹
서교초등교
Seven11
Be Sweet On

亚的斯亚贝巴

ADDIS ABABA

这家小店和非洲东部埃塞俄比亚的首都亚的斯亚贝巴同名，而且它和以盛产咖啡而闻名的埃塞俄比亚一样，可以提供美味的咖啡。这里的咖啡都是由咖啡师（同时也是该店的店长）亲自烘培，并根据咖啡豆的不同而采取不同的提取方式，所以选择不同的咖啡，一般情况下是可以明显地感觉到味道是不一样的。由于很多咖啡刨冰里都添加了意式浓缩咖啡，所以很难区分它到底是阿芙佳朵还是刨冰。亚的斯亚贝巴给人留下最深印象的要数荷兰冰滴咖啡刨冰了，每一滴冰滴咖啡的提取都要花费13个小时，更是因为咖啡提取后要经过一段特殊的发酵时间，因此，使得它获得了“咖啡界的红酒”之称。吃牛奶红豆刨冰时，在上面撒上冰滴咖啡，这对咖啡迷来说简直是世界上最棒的刨冰了！为了做出最好的味道，刨冰里的冰沙也是由100%的纯牛奶做成的。并且，刨冰里的红豆是每天早晨从宁越郡采购回来的。所以，不论是何时来这里吃刨冰，都可以吃到新鲜甘甜的豆沙。

亚的斯亚贝巴

地址	首尔特别市西大门区 延禧洞353-93号（总店）
电话号码	070-8887-9496
营业时间	9:30~24:00　全年营业
泊车	可使用四大高校的停车场

菜单（1人份、2人份标准）

红豆刨冰	7,000韩元	12,500韩元
荷兰冰滴咖啡刨冰	8,000韩元	13,500韩元

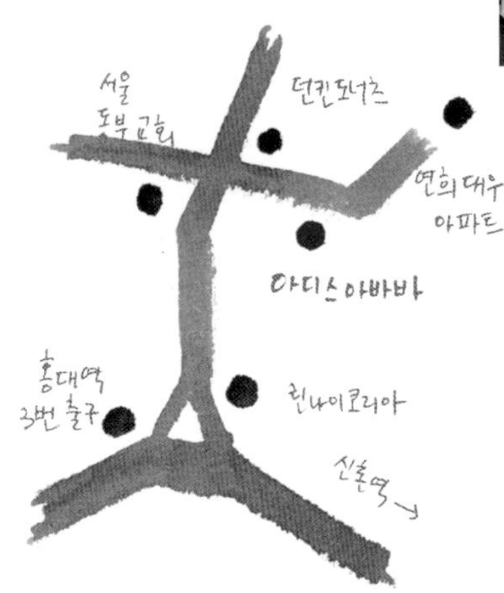

里屋

JIDAEBANG

“里屋”是在1982年落户仁寺洞的，算是仁寺洞历史最悠久的传统茶馆了，它守护了仁寺洞11年，让人们了解了传统茶的风貌。一般情况下，一个产业维持了10年以上，可能就需要更新换代了。但是，对于优秀的传统饮食来说，人们并不会觉得它已经落后于时代了。对于很多参观仁寺洞的外国游客来说，这里不仅可以让他们了解韩国的传统饮食文化，而且可以品尝到美味的刨冰。“里屋”的刨冰所使用的豆沙是用产自涟川郡的红豆做成的，糖浆是用柚子汁制成的，而刨冰上摆放的是产自智利山的红柿，所以在刨冰里都能感受到传统食材的特有香味。更神奇的是，用传统食材制作的刨冰，在寒冷的冬天吃，也不会感到有任何不适的地方，可能这就是先人们总结出来的关于健康和饮食的智慧吧。

里屋

地址 首尔特别市钟路区贯勋洞 196-6号　2楼（总店）

电话号码 02-738-5379

营业时间 10:00～24:00　节假日休息

泊车 可使用周围的公共停车场

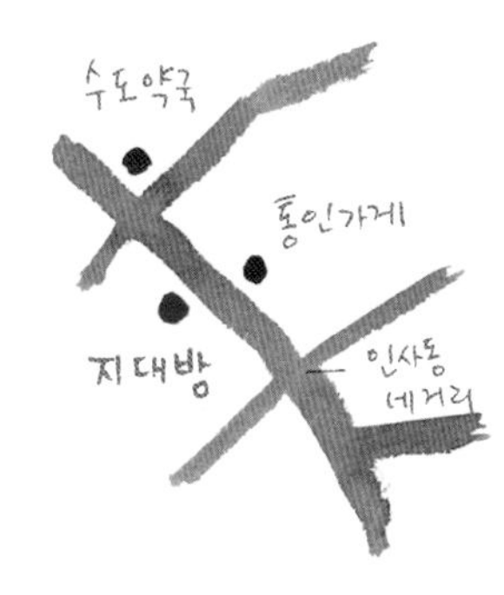

菜单（1人份、2人份标准）

传统红豆刨冰	9,000韩元	16,000韩元
柚子红豆刨冰	9,500韩元	17,000韩元
五味子红豆刨冰	9,500韩元	17,000韩元

雪之屋咖啡

CAFE THE SNOW

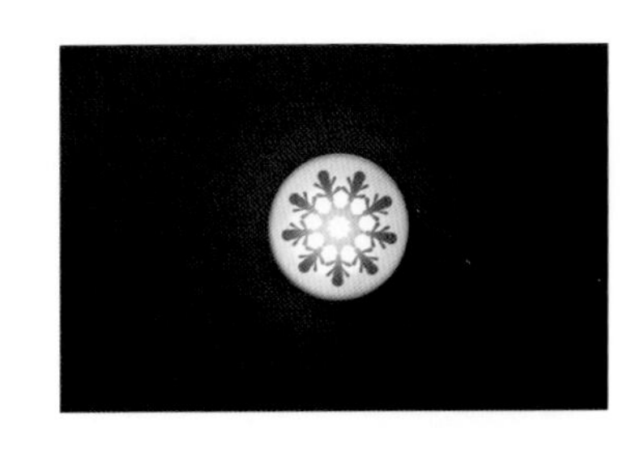

挖一勺红豆，在冰沙上摆弄一下，堆出来一个可爱的小雪人，在各地都很难找到拥有这样独特冰质的刨冰店，所以在专业的咖啡刨冰店——“雪之屋咖啡”里尽情地享受吧！这里的刨冰拥有和冰淇淋不相上下口感的冰沙，搭配不含红豆的纯牛奶冰块，品尝起来真的非常美味。比起咖啡，本店更多的是使用雪来创造美食，这是别的刨冰咖啡店比不了的。为了创造出自家特有的刨冰食谱，它设立了专门的工厂研究所，并且一直在努力创新。凭借不可仿制的味道和冰质，“雪之屋咖啡”的知名度立刻就打开了，甚至不到一年的时间，就收到了去日本开分店的邀请。现在不仅是在大学路，在江南区道谷洞的超级明星店也可以吃到和总店一样美味的刨冰。不论你幻想的刨冰是什么味道，“雪之屋咖啡”都可以满足你的要求！

雪之屋咖啡

地址 首尔特别市钟路区明伦4街21-2号（大学路总店）
首尔特别市江南区道谷洞 高塔大厦2层
超级明星店（道谷店）

电话号码 02-742-9620

营业时间 11:00～24:00　全年营业

泊车 可使用周围的公共停车场

菜单（1人份、2人份标准）

奶茶雪冰	7,000韩元	11,000韩元
绿茶雪冰	8,000韩元	13,000韩元
巧克力雪冰	8,000韩元	13,000韩元
水果雪冰	9,000韩元	15,000韩元

POP角逐者

POP.CON.TAINER

如果经常去的饭店突然关门了，一定会感到很失落吧？同理，第一次发现一种美味的咖啡，也一定会感到特别激动吧？虽然不知道“POP角逐者”可以开多久，但目前为止，它作为韩国新村最知名的咖啡店，是别的咖啡店望尘莫及的。它推出了设计独特的奥利奥刨冰，吸引了很多顾客，是来韩国新村观光的外国人必尝的一大代表食物。奥利奥刨冰的味道是由奥利奥冰淇淋的添加量决定的，而“POP角逐者”的奥利奥刨冰的主要食材就是冰淇淋和冰沙，所以绝对能满足顾客的要求。再加上旁边摆放的香草冰淇淋，这绝对是餐后不容错过的美味。走进“POP角逐者”就像走进了一个巨大的铁质容器，但是里面的氛围特别好，正如它独特的装修风格，这里的刨冰也特别有个性。

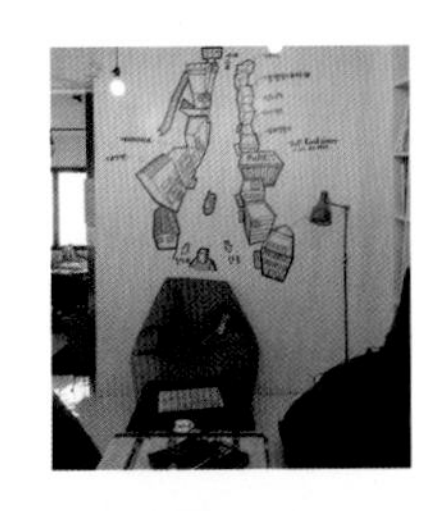

POP角逐者

地址 首尔特别市西大门区沧川洞5-1号（总店）

电话号码 02-313-9979

营业时间 11:00～23:00（星期六12:00～24:00）

全年营业

泊车 可使用周围的公共停车场

菜单（2人份标准）

奥利奥刨冰 13,000韩元

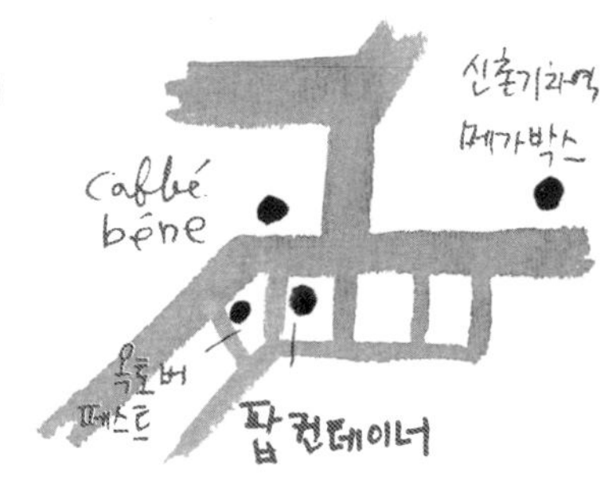

著作权合同登记号：豫著许可备字-2015-A-00000090
BINGSU EOLEUM BING MUL SU

Originally Korean edition published by Donghaksa Publishing Co.

图书在版编目（CIP）数据

刨冰 /（韩）曹永旭著；李飞飞，翟渊潘译. —郑州：中原农民出版社，2016.2
ISBN 978-7-5542-1348-3

Ⅰ. ①刨… Ⅱ. ①曹… ②李… ③翟… Ⅲ. ①冷冻食品—制作
Ⅳ. ①TS972.1
中国版本图书馆CIP数据核字（2016）第000034号

出版：中原出版传媒集团　中原农民出版社
地址：郑州市经五路66号
邮编：450002
电话：0371-65751257
印刷：河南安泰彩印有限公司
成品尺寸：170mm × 230mm
印张：7.5
字数：120千字
版次：2016年6月第1版
印次：2016年6月第1次印刷
定价：29.00元